Mechthild Regenass-Klotz
Urs Regenass

Tropenkrankheiten und Molekularbiologie

Neue Horizonte

Birkhäuser
Basel · Boston · Berlin

Autoren:
Dr. Mechthild Regenass-Klotz
Dr. Urs Regenass
Mühlerain 14
CH-4107 Ettingen
Schweiz

Bibliografische Information der Deutschen Bibliothek
Die Deutsche Bibliothek verzeichnet diese Publikation in der Deutschen Nationalbibliografie;
detaillierte bibliografische Daten sind im Internet über http://dnb.ddb.de abrufbar.

ISBN 978-3-7643-8712-9   Birkhäuser Verlag AG, Basel · Boston · Berlin

© 2009 Birkhäuser Verlag, Postfach 133, CH-4010 Basel, Schweiz
Ein Unternehmen der Fachverlagsgruppe Springer Science+Business Media
Gedruckt auf säurefreiem Papier, hergestellt aus chlorfrei gebleichtem Zellstoff. TCF ∞
Der Vierfarben-Druck wurde freundlicherweise durch finanzielle Unterstützung der Interpharma Basel,
Schweiz, realisiert.
Umschlaggestaltung: Micha Lotrovsky, Therwil, Schweiz
Abbildung Buchrückseite: Siehe S. 26; mit freundlicher Genehmigung von Prof. Michael Duszenko,
Universität Tübingen, Deutschland
Printed in Germany

ISBN 978-3-7643-8712-9   e-ISBN 978-3-7643-8713-6

9 8 7 6 5 4 3 2 1   www.birkhauser.ch

Inhaltsverzeichnis

Vorwort und Danksagung

Den Anstoß für dieses Buch gab ein von der Interpharma Basel aus-
gerichtetes Gesundheitsseminar im Oktober 2006 in Zürich, das
diverse Aspekte der Tropenkrankheiten beleuchtete. Vertreter verschiedener Forschungseinrichtungen, Politiker und Mitglieder der
WHO versuchten, die Problematik von Tropenkrankheiten, und
davon besonders die der «Neglected Diseases», den geladenen Wis-
senschaftsjournalisten nahezubringen. Beeindruckt von dem Semi-
nar reifte der Entschluss, ein Buch über Tropenkrankheiten und
Molekularbiologie zu verfassen.

Natürlich konnte dieser Entschluss nur umgesetzt werden, weil
uns viel Fachhilfe und auch finanzielle Unterstützung entgegenge-
bracht wurden. Der Interpharma ist es durch einen großzügigen
Zuschuss zu verdanken, dass dieses Buch so reich vierfarbig bebildert
werden konnte. Einige Wissenschaftler haben das Manuskript durch-
gesehen und mit ihrer konstruktiven Kritik gute Ideen eingebracht.
Frau Dr. Scherr vom Biozentrum Basel, Professor Gerd Pluschke, Professor Reto Brun und Professor Marcel Tanner vom Schweizerischen
Tropeninstitut Basel (STI) sei dafür ganz herzlicher Dank ausgesprochen.

Den Wissenschaftlern vom STI allerdings gilt ein besonderer Dank
für ihre stete Bereitschaft zu Diskussionen und zur Beantwortung von
Fragen und nicht zuletzt auch für die großzügige Bereitstellung von
Abbildungen, ohne die das Buch in der jetzigen Form nicht erstellbar
gewesen wäre. Hier ist auch ein besonderer Dank an Frau Heidi
Immler und Frau Patrizia Fust auszusprechen, die mit ihrem Engagement dafür sorgten, dass die Übernahme der Abbildungen aus dem

Bildatlas des STI sowie die Klärung verschiedener Copyrights im Sinne des Buches geregelt wurden. Herrn Professor Michael Duszenko von der Universität Tübingen danken wir, dass er sein wunderschönes EM-Bild nicht nur für die Bebilderung des Buches, sondern auch für die Rückseite des Umschlages zur Verfügung gestellt hat. Dass sich die WHO, allen voran Dr. Janis Lazdins, Dolores Campanario, Jamie Guth, Florence Rusciano und Lisa Schwarb so intensiv für die Karten und Abbildungen in dem Buch engagiert haben, ist nicht selbstverständlich und bedarf unseres Dankes. Im Birkhäuser-Verlag gilt unser Dank Frau Kerstin Tüchert, die für die wunderschöne Gestaltung und den letzten Feinschliff Sorge trug. Herrn Micha Lotrovsky sei hier Dank ausgesprochen, dass er unsere Vorlage für den Umschlag so ansprechend umgesetzt hat. Herrn Dr. Detlef Klüber vom Birkhäuser-Verlag danken wir für das Lektorat. Unseren Familien und allen unseren Freunden, die so geduldig zu allen Diskussionen über dieses Buch bereit waren, danken wir, dass sie in der Zeit der Buchentstehung uns mit ihrer Diskussionsbereitschaft weitergeholfen haben.

Gewidmet ist dieses Buch in Memoriam
  Wim Bloemberg
  Walter Hermann
  Max Luib

Ettingen, im Frühjahr 2009

Einleitung

„Wir leben in einem gefährlichen Zeitalter. Der Mensch beherrscht die Natur, bevor er gelernt hat, sich selbst zu beherrschen."

Albert Schweitzer

Diese Worte von Albert Schweitzer sind weit mehr als ein halbes Jahrhundert alt und könnten heute ebenso gelten wie zu der Zeit, in der Albert Schweitzer zu diesem Schluss kam. Albert Schweitzer war, zumindest in unserer Generation, der Inbegriff des Menschen, der, um zu helfen, zu den Menschen in das damals so ferne Afrika ging, um dort eine medizinische Versorgung in den Tropen zu gewährleisten. Tropenmedizin und Tropenkrankheiten waren damals in den 50er Jahren in Europa ein Begriff, den man eng mit dem Wirken von Schweitzer in Lambarene in Verbindung brachte. Wenn man noch die Gelegenheit hatte, Albert Schweitzer persönlich kennenzulernen, so vertiefte sich der unauslöschliche Eindruck seiner Persönlichkeit. Vielleicht war diese Erfahrung auch einer der Gründe, warum wir das Thema «Tropenkrankheiten und Molekularbiologie» aufgenommen haben.

«Der Mensch beherrscht die Natur», man könnte auch hinzufügen, dass der Mensch «glaubt, die Natur zu beherrschen». Dieser Eindruck entsteht bei der Betrachtung der Entwicklung der verschiedenen Tropenkrankheiten und deren Behandlung. Gab es Jahre, in denen man glaubte, dieser Krankheiten Herr zu werden, so folgten Jahre, in denen es offensichtlich war, dass genetische Variabilitäten bei den Erregern, Resistenzbildungen, Veränderungen der Umweltverhältnisse wie z. B.

des Klimas, sowie ein ausgedehnter Massentourismus dem Aufflammen und der Weiterverbreitung dieser Krankheiten Vorschub leisteten. Die Erforschung der Tropenkrankheiten, deren Überträger und der sie verursachenden Organismen wurde zwar von Wissenschaftlern und Tropenmedizinern unermüdlich fortgesetzt, allerdings konnten die Erkenntnisse für neue Therapien, die auf spezifischen Schwachstellen der Erreger basierten, erst in den letzten Jahren gewonnen werden. Das Zusammenwirken der klassischen Infektionsbiologie und der Parasitologie mit der Molekularbiologie hat seit den 80er Jahren des letzten Jahrhunderts neue Horizonte eröffnet.

Die Genomsequenzierungen und Sequenzvergleiche innerhalb von Erregerarten liefern wertvolle Hinweise auf deren Evolution und die Verbreitung der Krankheiten. Die Einzigartigkeiten von Proteinnetzwerken und stoffwechselbedingten Abläufen im Vergleich mit dem Wirt, aber auch die molekularen Mechanismen der Krankheitsentwicklung, liefern Daten, die einen Einblick in spezifische Schwachstellen der verschiedenen Erreger erlauben. Damit können Wege aufzeigt werden, um neue, effiziente Therapien zu entwickeln, die zum Einen den Erreger bekämpfen können, zum anderen für den Menschen weniger schwere Nebenwirkungen aufweisen.

Die Notwendigkeit, die heutigen Medikamente möglichst vielen Patienten zukommen zu lassen, aber auch die Einsicht, dass neue Medikamente dringend notwendig sind, ist in den letzten Jahren viel stärker in unser Bewusstsein gerückt. Viele Organisationen, Pharmafirmen und private Stiftungen stellen heute Medikamente und finanzielle Mittel zu deren Beschaffung und Verteilung, aber auch für Forschungszwecke zur Verfügung. Haben früher vor allem Krankheiten wie die HIV-Infektion (in diesem Buch nicht behandelt), Malaria und Tuberkulose im Hinblick auf die Medikamentenentwicklung im Vordergrund gestanden, so richtet sich heute das Augenmerk besonders auf eine Gruppe von Tropenkrankheiten, welche auch unter dem Namen «Neglected Diseases» oder «Vernachlässigte Krankheiten» bekannt ist. Zusammengenommen sind mehr Menschen von diesen Krankheiten betroffen als von Malaria oder Tuberkulose. In diesem Buch werden sechs dieser so genannten «Neglected Diseases» behandelt. In diese Kategorie fallen: die Afrikanische Schlafkrankheit, die Chagas-Krankheit, Leishmaniose, Schistosomiasis (stellvertretend für Krankheiten, welche durch parasitische Würmer verursacht werden), Lepra und Buruli Ulcer.

Alle Kapitel dieses Buches sind identisch aufgebaut. Die Einteilung der zehn Kapitel in historischen Hintergrund, Epidemiologie, Symptome, Verursacherorganismus, Therapiemöglichkeiten sowie molekularbiologische Forschungsansätze soll einen kurzen Einblick in die Welt der Tropenkrankheiten bieten. Dem Leser wird versucht, auf gut verständliche Weise einen Überblick über die aufgeführte Krankheit zu geben. Das jeweils letzte Kapitel befasst sich mit der Molekularbiologie und gibt einen Ausblick auf neue Therapiemöglichkeiten, welche heute bereits in Arbeit sind oder am «Horizont» erscheinen. Das Buch wird abgerundet mit einem Glossar, das dem Leser helfen soll, möglichst ohne weitere Nachschlagewerke auszukommen. Allerdings war es nicht möglich, alle Begriffe der Molekularbiologie aufzunehmen.

Die Fülle der Informationen über die Gesamtheit der Tropenkrankheiten erlaubt es uns im Rahmen dieses Buches nicht, alles in seiner Vollständigkeit anzuführen. Daher begnügen wir uns mit einer begrenzten Darstellung, die zeigen möchte, dass in der Erforschung der Tropenkrankheiten durch die Kombination der klassischen Infektionsbiologie, der Tropenmedizin sowie der Molekularbiologie neue Horizonte entstanden sind.

Kapitel I

Malaria

I. 1   Geschichtlicher Hintergrund

Keine Tropenkrankheit fordert jährlich ähnlich viele Menschenleben wie die Malaria (auch Sumpffieber genannt; aus dem mittelalterlich Italienischen mala aria: schlechte Luft), und keine andere ist seit Jahrhunderten, wenn nicht sogar seit Jahrtausenden, so gut dokumentiert. Bereits 2700 vor unserer Zeitrechnung wurde in einem klassischen Werk der chinesischen Medizin, dem Nei Chin, über die Fieberseuche berichtet. Hippokrates, der griechische Arzt, erkannte die Krankheit mit den unterschiedlichen Fieberschüben und diagnostizierte und beschrieb die Malaria in Kleinasien. Mit der Entdeckung des Malariaerregers allerdings dauerte es noch bis 1880, als der französische Militärarzt Charles Alphonse Laveran, der in Algerien stationiert war, den Einzeller *Plasmodium* in Blutausstrichen von Malariapatienten fand und diesen als Erreger identifizierte. Ein anderer Militärarzt, der Brite Ronald Ross, fand heraus, dass der Erreger *Plasmodium* einen Helfershelfer benötigt, um die Seuche auf Menschen zu übertragen: hauptsächlich die Mücke *Anopheles gambiae*. Beide wurden für ihre Erkenntnisse mit dem Nobelpreis für Medizin und Physiologie ausgezeichnet: Ronald Ross 1902 und Charles Alphonse Laveran 1907. Das Engagement der Kolonialmächte zur Aufklärung und Bekämpfung der Malaria hatte damals einen triftigen Hintergrund: Es waren auch Europäer von der Seuche betroffen. Nach dem Verlust der Kolonien in Afrika und Asien geriet die Malaria in Hinsicht auf weiterführende Forschung erst einmal in Vergessenheit.

I.2   Epidemiologie

Heute ist die Malaria in dem bekannten Malariagürtel in den Tropen-
gebieten Mittel- und Südamerikas, Afrikas und Südostasiens zu finden (Abb. I.1). Allerdings kam bis ins Spätmittelalter die Malaria
auch in den Sumpfgebieten der Niederlande und Italiens vor. So starb
Kaiser Otto III. im Jahr 1002 in Italien an der Malaria. Mit ungefähr
500 Millionen Infizierten und zwischen 1–3 Millionen Toten pro Jahr
ist zurzeit die Malaria für den Menschen eine der gefährlichsten
Erkrankungen auf unserer Erde. Am meisten leiden Kinder in Afrika
darunter, denn sie machen den grössten Teil der Todesfälle aus. Afrika
wird von der Malaria und besonders von der virulentesten Art, der
Malaria tropica (s.u.), am stärksten heimgesucht. 87 % der weltweiten
Malariainfektionen sind in Afrika lokalisiert, und zwar vom «Subsahara-Gürtel» bis zum nördlichen Teil der südafrikanischen Republik. In diesem Gebiet ist der Überträger der Malaria, die Anopheles-

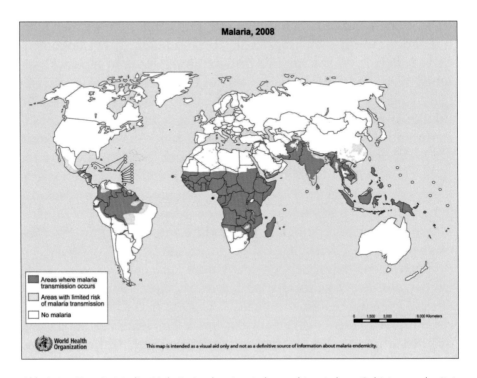

Abb. I.1: Zurzeit ist die Malaria in den tropischen-subtropischen Gebieten verbreitet.
Copyright: WHO (http://gamapserver.who.int/mapLibrary/).

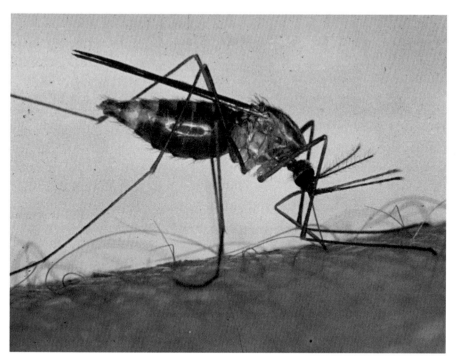

Abb. I. 2: Die Anopheles-Mücke, Überträger des Malariaerregers *Plasmodium*, saugt ihre Blutmahlzeit beim Menschen ein. Copyright: F. Weyer, STI, Basel.

mücke, besonders stark mit Plasmodien verseucht (Abb. I. 2). In Asien (9% der Erkrankungen) sind in der Hauptsache die Länder Thailand, Burma, Laos und Kambodscha betroffen, sowie in Indonesien sämtliche Inseln östlich von Bali. In Südamerika hat sich die Malaria hauptsächlich in den tropischen Provinzen Brasiliens eingenistet sowie seit Kurzem auch in der Dominikanischen Republik.

Malaria verursacht in den betroffenen Ländern nicht nur Leid, sondern ist auch eine sehr große Belastung für das Gesundheitswesen sowie für die soziale und ökonomische Entwicklung. Durch den Klimawandel und den Massentourismus bleibt Malaria nicht mehr nur ein «tropisches» Problem. Zunehmend wird bei Europäern, die entsprechende Länder besucht haben, trotz medikamentöser Prophylaxe Malaria festgestellt (die WHO schätzt ca. 12 000 Erkrankungen jährlich in Europa). Auch rasche und intensive klinische Behandlungen können nicht verhindern, dass die Todesrate bei infizierten Europäern bei etwa 4% liegt.

I.3 Symptome

Der Beginn einer Malariaerkrankung lässt sich zunächst mit einem heftigen grippalen Infekt verwechseln: Frösteln, starke Kopf- und Gliederschmerzen, Müdigkeit und zuweilen Übelkeit. Nach etwa einer Woche beginnen die klassischen Fieberschübe, bei denen das Fieber bis auf 40/41 °C steigt, begleitet von heftigem Schüttelfrost. Bei der Malaria tropica, durch *Plasmodium falciparum* verursacht, sind die Symptome oft heftiger und ausgeprägter als bei den anderen Malariaformen. Ohne rasche medizinische Behandlung liegt die Letalitätsrate bei nicht-immunen Patienten (Mitteleuropäer und afrikanische Kleinkinder) bei 50–60 %. Zudem sind bei der Malaria tropica schwere Komplikationen möglich. Sehstörungen, Bewusstseinstrübungen und sogar komatöse Zustände können in der Folge auftreten. Auch andere Organe wie Lunge, Milz und Leber können so weit in Mitleidenschaft gezogen werden, dass ein multiples Organversagen die Folge sein kann. Besonders Kinder sind von den Komplikationen betroffen, daher ist bei ihnen die Sterblichkeitsrate entsprechend hoch.

I.4 Verursacherorganismus

Die Erreger der Malaria sind vier Arten eines einzelligen Sporentierchens der Gattung *Plasmodium*.

Name des Erregers	Malariaform	Fieberschubzyklus
Plasmodium falciparum	Malaria tropica	48 Stunden
Plasmodium vivax	Malaria tertiana	48 Stunden
Plasmodium ovale	Malaria tertiana	48 Stunden
Plasmodium malariae	Malaria quartana	72 Stunden

Die häufigste und schwerste Form der Malaria, die M. tropica, wird durch den Erreger *Plasmodium falciparum* hervorgerufen. Mit ihm beschäftigen wir uns hauptsächlich in diesem Kapitel.

Der Einzeller *Plasmodium* ist ein Parasit, der zur Infektion des Menschen einen Zwischenwirt benötigt, die Anophelesmücke. Erst durch sie kann er seine tödliche Kraft entfalten. In fast beispielloser Evolution hat sich *Plasmodium* bisher nicht nur dem Zugriff des menschlichen Immunsystems entzogen, sondern auch als perfekter Parasit in der Anophelesmücke etabliert. Somit muss aus molekularbiologischer Sicht sowohl *Plasmodium* als auch der Anophelesmücke besondere Aufmerksamkeit geschenkt werden. Zur Bekämpfung des Malariaüberträgers wurde in den Jahren kurz nach dem zweiten Weltkrieg das Insektizid DDT (Dichlordiphenyltrichlorethan) eingesetzt. DDT wurde flächendeckend über die Brutstätten der Anophelesmücke gesprüht (Abb. I.3). Damit glaubte man vorerst, das Problem gelöst zu haben, bis sich herausstellte, dass DDT, das inzwischen auch in der Landwirtschaft als Pestizid Verwendung fand, ein umweltfeindliches Agens erster Ordnung ist. Außerdem musste festgestellt werden, dass die Anophelesmücke zunehmend resistent dagegen wurde.

Der Lebenszyklus von *P. falciparum* verläuft in verschiedenen Stadien, sowohl beim Menschen als auch in der Anophelesmücke. Dieser ausgeklügelte Zyklus zeigt in faszinierendem Maße die evolutionäre Entwicklungsmöglichkeit eines Parasiten zu ungestörter und erfolgreicher Vermehrung und zum Überleben. Verzehrt die Anopheles-

5

Abb. I.3:   Feuchte und warme Gebiete dienen der Anopheles-Mücke als Brutstätte. Copyright: T.A. Freyvogel, STI, Basel.

mücke ihre menschliche Blutmahlzeit, sondert sie mit ihrem Speichel, der die Blutgerinnung hemmt, *P. falciparum* als Gegengeschenk im so genannten Sporozoitenstadium in das Wirtsblut ab. Nun heisst es für den Parasiten: möglichst rasch aus der Blutbahn verschwinden, bevor das menschliche Immunsystem erfolgreich zugreifen kann. In der Tat ist *Plasmodium* bereits nach etwa 30 Minuten in die Leberzellen geschlüpft. Hat das Immunsystem die Chance, mit seinen Antikörpern an das Oberflächenprotein CSP (Circumsporozoite Protein), das den Parasiten wie eine Hülle umgibt, anzudocken, verlässt sich *Plasmodium* auf seinen eleganten «Escape-Mechanismus»: Sobald ein Antikörper das CSP attackiert, wird dieses wie ein alter Mantel von dem Parasiten abgeworfen. Der Antikörper ist durch das Protein blockiert und somit nutzlos – *Plasmodium* kann entkommen.

In den Leberzellen findet eine rasante Vermehrung statt. Während ihrer Vermehrung entwickeln sich die Sporozoiten zu Merozoiten. Die mit Merozoiten prall gefüllte Leberzelle, der Schizont, platzt und entlässt 10 000–40 000 (!) Merozoiten in das Blut (Abb. I.4). Der nächste Unterschlupf für den Parasiten steht schon bereit: es sind

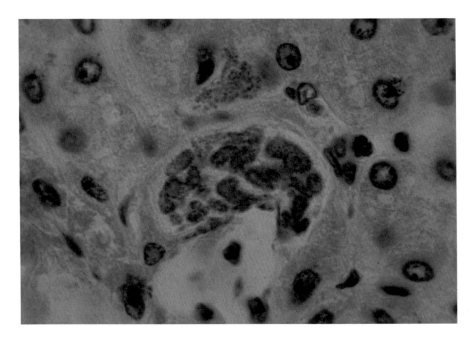

Abb. I.4:   Ein prall gefüllter Leberschizont zeigt das Vermehrungspotential des *Plasmodiums falciparum*. Copyright: R.S. Bray, STI, Basel.

unsere roten Blutkörperchen, die Erythrozyten. Wiederum hat das Immunsystem wenig Gelegenheit zum Zugriff. In den roten Blutkörperchen vermehren sich die Merozoiten, die man in diesem Stadium als Trophozoiten bezeichnet, bei weitem nicht so fulminant wie in den Leberzellen. Bis zu 24 Trophozoiten wachsen in einer Blutzelle heran, bevor auch diese aufplatzt und die Parasiten in die Blutbahn entlässt, wodurch die charakteristischen Fieberschübe ausgelöst werden (Abb. I.5). Dieser Kreislauf im Blut gleicht einem Perpetuum mobile, immer wieder findet die weitere Vermehrung in den Erythrozyten statt. Einige der Merozoiten aber werden nicht mehr in diesen Kreislauf involviert. Sie entwickeln sich in den roten Blutzellen zu Gametozyten, den Geschlechtszellen: den weiblichen Makrogametozyten und den männlichen Mikrogametozyten. Dies ist das dritte Stadium im Werdegang des *Plasmodiums*. Nun werden die Gametozyten von der Anophelesmücke beim Blutsaugen aufgenommen. In ihr findet der Parasit wiederum ideale Bedingungen für seine weitere Entwicklung vor.

7

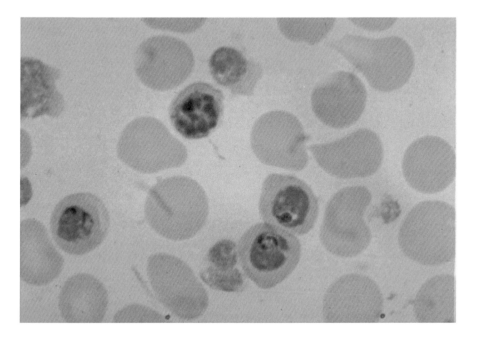

Abb. I.5: …die nächste Vermehrungsstation sind die roten Blutkörperchen. Copyright: H.P. Marti, STI, Basel.

Im Magen der Anophelesmücke findet die Befruchtung zwischen den Gametozyten statt. Der befruchtete Makrogametozyt (Ookinet, gr.: sich bewegendes Ei) wandert in den Darm und nistet sich in der Darmwand ein, um zu der Oozyste heranzuwachsen, die irgendwann einmal platzt und Tausende von Sporozoiten in Anopheles freisetzt. Diese wandern in die Speicheldrüsen von Anopheles ein, um von dort bei dem nächsten Stich wieder in die menschliche Blutbahn entlassen zu werden. Der fatale Zyklus von *P. falciparum* kann von neuem beginnen (Abb. I.6).

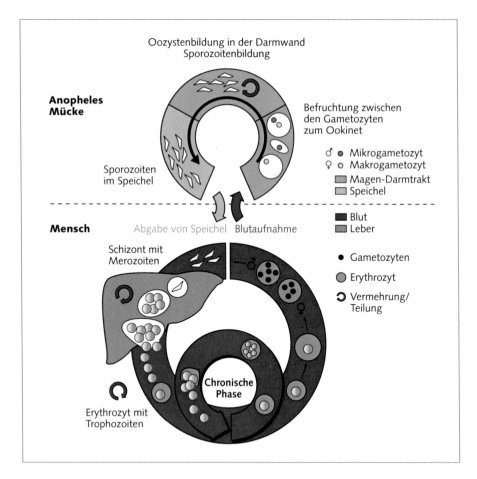

Abb. I.6: Lebenszyklus von *Plasmodium falciparum* (Malaria, schematisch):
Die klassischen Fieberschübe, die die Malaria auffällig kennzeichnen, werden durch Platzen der mit Trophozoiten gefüllten Erythrozyten ausgelöst. Plasmodien geben Stoffe ab, welche im Wirt die Produktion von Zytokinen anregen, aber auch direkt in verschiedenster Weise auf Wirtsorgane wirken. Dies führt letzlich zu organschädigenden Effekten.

I.5   Therapiemöglichkeiten

In der Geschichte der westlichen Medizin wird das Chinin bereits im 18. Jahrhundert als erstes Anti-Malaria-Mittel angeführt. Dieser Wirkstoff gehört chemisch gesehen zu den Alkaloiden und wird aus der Chinarinde (Cinchonae cortex) des Gelben Chinarindenbaumes gewonnen. Der Name ist irreführend, denn der Chinarindenbaum stammt nicht aus China, sondern aus den nördlichen Bergregionen Südamerikas. Das Wort «China» ist vermutlich eine Verballhornung des indianischen Begriffes Kina-Kina (Rinde der Rinden). Die Kolonialmächte kultivierten diese Bäume in Indien sowie in verschiedenen Regionen Afrikas und sorgten so für Nachschub vor Ort.

Nach dem zweiten Weltkrieg löste das erste, in Deutschland synthetisch hergestellte Chloroquin das Chinin als Anti-Malariamittel ab. Chloroquin, das ebenfalls zu den Alkaloiden gehört (Naphthylisoquinolin-Alkaloid), erwies sich als effizienter in der Krankheitsbekämpfung und zeigte weniger Nebenwirkungen. Da Chloroquin sehr kostengünstig und zugleich hochwirksam war, wurde es in den 50er bis 70er Jahren breit gestreut eingesetzt. Der unerwünschte Nebeneffekt dieser Behandlung ließ leider nicht lange auf sich warten: *Plasmodium* reagierte mit deutlichen Resistenzbildungen auf die Störung seiner parasitären Lebensweise.

Ein weiteres Anti-Malaria-Alkaloid ist das Mefloquin, das heute noch gegen multiresistente Stämme von *Plasmodium* Wirkung zeigt, allerdings verursacht es heftige Nebenwirkungen.

In den 80er Jahren des letzten Jahrhunderts überraschte die schweizerische Pharmafirma Ciba mit einer neuen Strategie: In Zusammenarbeit mit chinesischen Wissenschaftlern wurde ein Kombinationspräparat hergestellt, das zum einen den synthetischen Anti-Malaria-Wirkstoff Lumifantrin, zum anderen das halbsynthetische Derivat eines Produktes aus dem Pflanzenstoffwechsel der chinesischen Beifusspflanze *Artemisia annua*, das Artemisinin, enthält. Das Patent wurde 1989 eingereicht und wird heute von der Nachfolgefirma der Fusion aus Ciba und Sandoz, der Pharmafirma Novartis, als Coartem® resp. Riamet®, vertrieben. Mit der Produktion dieses Anti-Malaria-Mittels wurde eine Tradition der Malaria-Behandlung aufgegriffen, die bereits im China der Han-Dynastie um 168 v. Christus bekannt war. In einem Grab aus dieser Zeit wurde eine Seidenrolle gefunden, auf der die Verwendung der Heilpflanze *A. annua* gegen

Malaria und andere Fiebererkrankungen beschrieben wurde. Coartem® ist ein ausgesprochen wirkungsvolles Medikament. Bei bis zu 90 % der infizierten Personen konnte ein völliger Rückgang der Krankheit dokumentiert werden. Besonders wichtig ist, dass durch die Kombination verschiedener Präparate die Gefahr von Rückfällen und einer Resistenzbildung verringert wird. Die WHO hat daher in ihren Leitlinien zur Malariabekämpfung 2001 empfohlen, die so genannte ACT (Artemisinin Based Combination Therapy) einzusetzen. Leider fallen zwei Nachteile bei der Therapie mit Artemisinin-Kombinationspräparaten ins Gewicht: Eine ACT kostet rund 20 mal soviel wie z. B. eine Behandlung mit Chloroquin, und dies, obwohl Novartis in besonders betroffenen und wirtschaftlich schwachen Ländern Coartem® zum Selbstkostenpreis abgibt. Der zweite Nachteil entsteht aus dem Umstand, dass der natürliche Lieferant für das Artemisinin, die chinesische Heilpflanze *A. annua*, bereits in den letzten Jahren knapp wurde und ein geregelter Nachschub für die steigende Nachfrage nicht sicher gewährleistet werden kann.

Die mit Abstand wirkungsvollste Maßnahme gegen Malaria, sowohl vom medizinischen, finanziellen als auch logistischen Aspekt, wäre eine flächendeckende Impfung, die bereits Säuglingen und Kleinkindern eine Immunität gegen Malaria verleiht. Seit Jahrzehnten wird dies von Forschern in vielen Ländern intensiv angestrebt. Um dieses Ziel zu erreichen, ist in den letzten Jahrzehnten die molekularbiologische Forschung und die daraus gewonnenen Erkenntnisse für ein grundlegendes Verständnis des Malariaerregers *P. falciparum* unentbehrlich geworden.

I.6   Molekularbiologische Forschungsansätze

Plasmodium falciparum, das eine geradezu einzigartige Widerstandsfähigkeit gegen das menschliche Immunsystem entwickelt hat, ist ein Einzeller der besonderen Art. Um ihm auf die Schliche zu kommen, um seine Geheimnisse, wie er das menschliche Immunsystem austrickst, zu entschleiern, war die Sequenzierung seines Genoms, also die Entschlüsselung seines Erbgutes, im Jahre 2002 von erheblicher Bedeutung. Das Genom des Malariaparasiten besteht aus rund 24 Millionen Basenpaaren, die für ca. 5300 Gene kodieren, die wiederum auf 14 Chromosomen verteilt sind. In Folge der Erkenntnisse auf dem

DNA-Niveau begann man nun, sich intensiv mit den entsprechenden Genprodukten, den Proteinen, und deren Wechselwirkungen im Organismus auseinanderzusetzen. Aus Forschung an vielen Organismen ist die Bedeutung dieser Netzwerke bekannt, und besonders bei *P. falciparum* ist dies vielversprechend, da entsprechende molekulare Informationen für die Entwicklung von einem Impfstoff oder einer neuen medikamentösen Therapie verwendet werden können. Sobald ein Genom entschlüsselt worden ist, drängt es die Forscher regelmässig in die Post-Genom-Phase, in der die Genprodukte, die Proteine, sowie deren Funktionen, Wechselwirkungen und Netzwerke unter die Lupe genommen werden. Eine groß angelegte Studie hatte sich zum Ziel gesetzt, das Proteom von *P. falciparum* hinsichtlich seiner verschiedenen Stadien im Lebenszyklus zu untersuchen. Mit Hilfe der «Multidimensionalen Protein-Identifikationstechnologie» (MudPIT) wurden charakteristische und bisher noch unbekannte Proteine identifiziert. Über 2400 Proteine wurden dabei beschrieben und miteinander verglichen. Rund vierhundert Proteine konnten als Membran- oder Oberflächenproteine identifiziert werden, die als potenzielle Impfstoffkandidaten in Frage kommen können. Besonders das «Einwanderungsstadium» des Parasiten, also das Sporozoitenstadium, weckte bei den Forschern das Interesse. So unterscheidet sich ungefähr die Hälfte der in diesem Stadium gebildeten Proteine von denen anderer Zyklusstadien. Lediglich 6% der Proteine können in sämtlichen Stadien des Parasiten festgestellt werden. Das bedeutet, dass in den verschiedenen Stadien die Genexpression sich jeweils drastisch ändert.

Die folgende Tabelle zeigt den Prozentanteil der stadienspezifischen Proteine gegenüber der Gesamtmenge von Proteinen im jeweiligen Stadium.

Stadium von *Plasmodium falciparum*	Nur in diesem Stadium vorkommende Proteine in %
Sporozoit	49
Merozoit	24
Trophozoit	28
Gametozyt	33

Da *Plasmodium* für die Invasion in die menschlichen Zellen eine molekulare «Eintrittskarte» benötigt, sind diese Befunde höchst interessant. Ebenso interessant ist die Feststellung, dass Oberflächenproteine, deren Gene zu den so genannten rif- und var-Genfamilien gehören, nicht nur in dem Merozoiten- und Trophozoitenstadium im Menschen, sondern bereits im Sporozoitenstadium in der Anophelesmücke in grösserem Umfang gebildet werden. Diese Proteine nehmen mit hoher Wahrscheinlichkeit eine Schlüsselfunktion bei der Überlistung des menschlichen Immunsystems ein. Daher schauen wir sie etwas genauer an: Die var-Gene (variable antigen Gene) kodieren für den Typ der *Plasmodium-falciparum*-Erythrozyten-Membran-Protein 1 (PfEMP1) Proteinfamilie. Zurzeit wird geschätzt, dass 59 dieser var-Gene existieren. Die Genprodukte der var-Gene, die PfEMP1-Proteine, werden an die Membran des menschlichen, infizierten Erythrozyten transportiert. Dort angekommen, bewirken sie, dass die infizierten Erythrozyten sich an Rezeptoren an den Gefässkapillarwänden anheften und so einer Klärung durch die Milz entgehen. Allerdings entwickelt das Immunsystem im Laufe der Zeit Antikörper gegen infizierte Erythrozyten, vor allem gegen das PfEMP1-Protein, welches zu einem bestimmten Zeitpunkt der Infektion in der Membran deponiert wird. Jetzt kann der Parasit seine Fähigkeiten, das Immunsystem zu umgehen, voll ausspielen. Da *Plasmodium* 59 verschiedene var-Gene besitzt und zu einem bestimmten Zeitpunkt bloss ein Gen exprimiert wird, kann durch den Vorgang des «transcriptional switching» von Zeit zu Zeit eines der anderen var-Gene an Stelle des bereits exprimierten aktiviert und dessen Genprodukt an der Erythrozytenmembran deponiert werden. Dadurch wird eine enorme Variation der PfEMP1-Proteine in der Membran infizierter Erythrozyten erreicht. Da diese als Antigene fungieren, auf die sich unser Immunsystem einstellt und gegen die es entsprechende Antikörper bildet, läuft bei einer hochgradigen Variation das Immunsystem ins Leere, da es sich nicht in der kurzen Zeit auf neue Antigene einstellen kann. Man kann diese Variation in den Oberflächenproteinen von *Plasmodium* mit einem Hemd vergleichen, bei dem Kragen und Ärmel beliebig austauschbar sind und es so stets zu einem neuen Erscheinungsmuster kommt.

Die Familie der rif-Gene (repetitive interspersed family) umfasst nach dem momentanen Kenntnisstand 149 verschiedene Gene im Genom des *P. falciparum*. Die aus diesen Genen resultierenden Prote-

ine werden offenbar auch an die Membran der Erythrozyten transportiert, allerdings ist die Funktion bisher noch weitgehend unklar. Die Einzigartigkeit von *Plasmodium* wäre schon durch die oben genannten Tatsachen dokumentiert, aber auch bei dem Thema Proteinnetzwerke (die direkten Bindungspartner eines Proteins, deren Partner, wiederum deren Partner und die Interaktionen zwischen all diesen Proteinen) spielt es eine Sonderrolle im Vergleich mit anderen Organismen. Mehr als 32 000 Einzeltests bildeten die Grundlage für die vergleichende Analyse der Proteinnetzwerke von *P. falciparum* mit denen anderer Organismen. In diesem Forschungsprojekt wurden in der Hauptsache die Proteine, die während des Erythrozytenstadiums gebildet werden, untersucht. 2846 Interaktionen, die zwischen 1267 Proteinen stattfinden, wurden abgeklärt. Die Analysen erstreckten sich weiter auf mehrere Untergruppen der Netzwerke (die direkten Bindungspartner eines Proteins und deren Interaktionen untereinander). Eine dieser Untergruppen umfasst die Proteinwechselwirkungen, die mit dem Vorgang des Eindringens des Parasiten in die Erythrozytenzelle zu tun haben. Eine andere Untergruppe beinhaltet die Wechselwirkungen, die bei Splicing, Transkription, Translation sowie bei der Proteinfaltung eine wesentliche Rolle spielen. Diese Proteinwechselwirkungen sind somit essenziell für die Übersetzung der genetischen Information in die funktionellen Abläufe von *Plasmodium*. Bei vielen Organismen, gleich welcher Herkunft, hat sich mittlerweile herausgestellt, dass eine gewisse Übereinstimmung in den Proteinwechselwirkungen, also dem Proteinnetzwerk, besteht. Als Vergleichsorganismen wurden die Proteinnetzwerke der Fruchtfliege (*Drosophila melanogaster*), des Nematodenwurms (*Caenorhabditis elegans*), der Bäckerhefe (*Saccharomyces cerevisiae*) und, als Nicht-Eukaryont, des Bakteriums *Helicobacter pylori* benutzt. Hatte sich bereits nach der Genomsequenzierung von *P. falciparum* eine deutliche Divergenz abgezeichnet – 60 % der kodierten Proteine des Parasiten entbehren jeder Ähnlichkeit zu denen der anderen Organismen –, so verdeutlicht sich dieses Bild bei der Untersuchung der Proteinnetzwerke noch mehr. Von 29 untersuchten *Plasmodium*-Netzwerken (z. B. das Translation/Invasions-Netzwerk, das Netzwerk der Chromatin-Umgestaltung), die besonders ausgeprägt sind, findet man nur drei in der Hefe (z. B. Endozytose- und Hitzeschockproteinnetzwerk) und kein einziges in den anderen Modellorganismen, was bei Untersuchungen für vergleichbare Proteinnetzwerke in diversen Organismen ein Novum

darstellt. Das heißt, dass *P. falciparum* evolutionsmäßig einen sehr eigenen Weg gegangen ist.

Aufgrund dieser molekularbiologischen Erkenntnisse wird deutlich, dass sich verschiedene therapeutische Ansätze anbieten, dass aber die wirksamste Methode, sich gegen *P. falciparum* zu wehren, nur eine Impfung gegen das Pathogen sein kann.

Viele Forschungsgruppen haben sich der Entwicklung eines Impfstoffes verschrieben. Aus der Vielfalt der Arbeiten soll hier eine beschrieben werden, an der die generellen Probleme einer Impfstoffherstellung deutlich werden, sowie die Überlegungen, wie man einen Impfstoff zu konzipieren hat und die möglichen Erfolgsaussichten. Es gibt mehrere Theorien, wie ein Impfstoff gegen *Plasmodium* aufgebaut werden sollte. Eines der übergreifenden Probleme ist die Tatsache der hohen genetischen Diversität des Erregers. Es gibt mehrere «heiße» Impfstoff-Kandidaten, wie zum Beispiel gewisse Oberflächenproteine. Die Oberflächenproteine, die durch die menschlichen Antikörper gut zu erreichen sind, stellen mit hoher Wahrscheinlichkeit Schwachstellen des Parasiten dar. Gegen diese Schwachstellen hat der Erreger einen Selbstschutz, die enorme genetische Variabilität, entwickelt, damit seine «Achillesferse» so gut wie möglich abgedeckt ist. Da ist zum einen die Genfamilie der var-Gene, die für PfEMP1-Proteine kodieren. Ein Parasitenklon beherbergt zahlreiche Varianten dieser Gene und kann diese je nach Bedarf an- oder abschalten (siehe Vergleich Hemd). Zum anderen gibt es den Mechanismus, dass zwar für ein bestimmtes Protein tatsächlich nur ein Gen vorhanden ist, dieses aber von Parasitenstamm zu Parasitenstamm eine erhebliche Variabilität aufweist. Das bedeutet, dass ein Impfstoff, der gegen Stamm A erfolgreich ist, gegen Stamm B nur eine geringe oder gar keine Wirkung zeigen kann.

Um gegen einen so hochklassigen Gegner wie *P. falciparum* zum Erfolg zu kommen, muss die Impfstoff-Strategie ausgeklügelt sein. Die Forscher um Gerd Pluschke vom Schweizerischen Tropeninstitut Basel zum Beispiel wählen hochkonservierte Bereiche funktionell wichtiger Oberflächenantigene, wie zum Beispiel das Apical Membrane Antigen1 (AMA-1, im Merozoitenstadium vorhanden). In diesem AMA-1 wurde eine Proteindomäne identifiziert, die nicht nennenswert variabel ist und die sehr wahrscheinlich in Wechselwirkungen mit den menschlichen Erythrozyten steht. Bei diesem Antigen-Kandidaten kann *Plasmodium* offenbar nicht beliebig variieren, da sonst

überlebenswichtige Wechselwirkungen mit den menschlichen Zellen nicht mehr gewährleistet sind. Die Struktur allein ist aber nicht immunogen genug, das bedeutet, eine Antwort des menschlichen Immunsystems würde zu schwach ausfallen, um eine Immunität zu bieten. Also muss die Struktur, um als Antigen in einem Impfstoff Verwendung zu finden, noch so verändert werden, dass eine hohe Immunantwort entsteht. Limitierte Teilstrukturen der AMA-1-Proteindomäne, rund 50 Aminosäuren lang, wurden daher an künstlich hergestellte Viruskapseln, so genannte Virosomen, angekoppelt. Zusätzlich wurde noch ein synthetisch hergestelltes Peptid aus einem anderen Stadium des Zyklus integriert. Hier handelt es sich um einen nachgebildeten Teil des CSP Proteins, das bereits erwähnt wurde und im Sporozoitenstadium oberflächendeckend anwesend ist. Damit werden nun Antigene aus zwei verschiedenen Stadien dem Immunsystem auf der Oberfläche der Viruskapsel präsentiert. Die im Reagenzglas hergestellte Viruskapsel fusioniert mit immunkompetenten Zellen, wie zum Beispiel den Makrophagen (Fresszellen), welche das in das Virosom eingeschleuste Antigen aufnehmen und das menschliche Immunsystem zur Antikörperbildung anregen. Um das Antigen in dem aus synthetisch hergestellten Phospholipiden und aus Influenzaviren gewonnenen Glycoproteinen bestehenden Virosom zu verpacken, wurde das Antigen an Phosphatidylethanolamin gekoppelt, das für eine Verankerung in der Virosomenmembran sorgt. Die besten Kandidaten sind bereits in den Versuchen der klinischen Phase (Phase I/IIa). Zu diesem Zweck mussten diese in Grammmengen hergestellt werden, was problemlos verlief und gewährleistete, dass dieser Impfstoff auch im industriellen Maßstab synthetisiert werden kann. Die Versuche mit dem Impfstoffkandidaten wurden an Freiwilligen vorgenommen und erfreulicherweise hat sich erwiesen, dass sowohl die Sicherheitsprofile wie auch die Immunantworten sehr zufrieden stellend sind. Es gab sehr hohe Immunantworten in Form von parasitenbindenden Antikörpern, was beweist, dass die Antigenkonzeption funktioniert; allerdings konnte kein 100 %iger Immunitätsschutz bei diesen Experimenten festgestellt werden. Den Härtetest aber besteht ein Impfstoff gegen Malaria erst in Afrika und dort vor allem bei den Kleinkindern. Ein Impfstoff, genannt RTS,S, der diese Stufe bereits erreicht hat, richtet sich gegen Plasmodien im Sporozoitenstadium. Um eine starke Immunantwort zu erhalten, wurde ein Fusionsprotein des CSP Proteins von *Plasmodium* und dem Oberflächen-

15

protein des Hepatitis-B-Virus hergestellt und mit einem Adjuvans, einem wirkungsverstärkenden Hilfsstoff, verabreicht. Bei Kindern in Kenya und Tanzania im Alter von 5–17 Monaten zeigte sich bei über 50% eine Schutzwirkung. Dieser Impfstoff ist nun bereit für breite Wirksamkeitsstudien.

Zeigt eine Impfung die bislang beste Möglichkeit, die Malaria grundlegend und effizient zu bekämpfen, beschäftigt sich die Molekularbiologie währenddessen auch mit dem zweiten Wirt des *Plasmodium*s. Die Mücke *Anopheles gambiae* gewährleistet dem Pathogen einen sicheren Hafen für die Entwicklung der Gametozyten zu den infektiösen Sporozoiten. In neueren Arbeiten wurde das Genom von *Anopheles* unter die Lupe genommen. Es sollte geklärt werden, warum *Anopheles* einen Malaria-Vektor darstellt und wie man ihn möglicherweise stoppen kann. Neben dem Genom der Anophelesmücke, das rund 278 Millionen Basenpaare umfasst, sind auch andere Insektengenome vollständig sequenziert worden, unter anderen das der Aedes-Mücke, der Fruchtfliege *Drosophila* und der Honigbiene. Aufgrund der Daten konnte bisher festgestellt werden, dass sich *Anopheles* und *Drosophila* vor rund 250 Millionen Jahren von einem gemeinsamen Vorfahren aus getrennt weiterentwickelten. Zudem boten die Daten die Möglichkeit, verschiedene Proteine der beiden Spezies miteinander zu vergleichen und Rückschlüsse auf die Funktion bei *Anopheles* zu ziehen, da bei *Drosophila* schon viele der Proteindaten vorliegen.

Ein gutes Beispiel dafür ist die Identifikation eines Rezeptorproteins, das in beiden Spezies vorhanden ist und der Aufspürung von CO_2 dient. Aufgrund der Kenntnisse über dieses Protein wäre es möglich, neue Moleküle zu entwickeln, die diese CO_2-Aufspürung blockieren und es so der Mücke erschweren, den Menschen zu orten. Ein anderes Ziel ist es, den molekularen Grund für die DDT-Resistenz in *Anopheles* zu finden und dieser «molekular» entgegenzuwirken. Am weitesten fortgeschritten scheint man damit zu sein, die Gene, die für die Weiterentwicklung von *Plasmodium* im Mitteldarm der Anophelesmücke von Bedeutung sind, zu identifizieren. Sowohl bei *Plasmodium* als auch bei der Anophelesmücke wurden Gene gefunden, die während dem Ookinesestadium von *Plasmodium* und dessen Einwanderung in den Mitteldarm der Mücke eindeutig aktiviert wurden. Das molekularbiologische Potenzial, *Anopheles* genetisch so zu verändern, dass es einen höheren Resistenzgrad gegen die Invasion des Parasiten auf-

weist, wurde bereits ansatzweise ausgelotet: Es wurde ein gentechnisch verändertes Insekt gezüchtet, das ein Peptid produziert, das den
Parasiten in seiner Bindung an die Mitteldarmzellen blockiert. Die
weiteren Arbeiten, nicht nur an *P. falciparum*, sondern auch an der
Anophelesmücke, könnten weitere, wenn auch vorerst kleine Erfolge
im Kampf gegen Malaria bedeuten. Aber selbst kleine Fortschritte
können helfen, die Malaria in den Griff zu bekommen.

17

Kapitel II

Schlafkrankheit

Die Schlafkrankheit und die Chagas-Krankheit werden beide von Vertretern der Trypanosomen verursacht. Die Schlafkrankheit wird auch als afrikanische Trypanosomiasis bezeichnet, und ihre Erreger sind *Trypanosoma brucei gambiense* (Westafrikanische Schlafkrankheit) sowie *Trypanosoma brucei rhodesiense* (Ostafrikanische Schlafkrankheit). Die Chagas-Krankheit tritt in Amerika auf und wird auch südamerikanische Trypanosomiasis genannt und durch *Trypanosoma cruzi* hervorgerufen. Auch wenn in beiden Fällen Trypanosomen die Verursacher sind, so bestehen doch etliche Unterschiede sowohl zwischen den Erregern als auch den Erkrankungen, so dass beide Krankheiten in gesonderten Kapiteln abgehandelt werden.

II. 1   Geschichtlicher Hintergrund

Die Schlafkrankheit gelangte erst in das Bewusstsein der Europäer, nachdem europäische Nationen als Kolonialmächte nach Afrika expandierten. Zu Beginn des 19. Jahrhunderts war es ein englischer Militärarzt, Thomas Winterbottom, der die Krankheit im westlichen Afrika, dem heutigen Staat Sierra Leone, beschrieb und ihr den Namen «sleeping sickness» gab. Da zur damaligen Zeit kaum Weiße damit infiziert waren, hatte die Wissenschaft kein nennenswertes Interesse daran, die Schlafkrankheit näher zu erforschen. Das änderte sich, als Sklavenhändler sich beklagten, dass viele Sklaven durch die merkwürdige Seuche ihren Wert verlieren würden. Die damaligen

Kolonialmächte England, Deutschland, Frankreich und Belgien waren nun an einer Aufklärung der Krankheit sowie der Übertragungsweise interessiert, auch deshalb, weil sich die Schlafkrankheit langsam vom Westen Afrikas gen Osten des Kontinents ausdehnte und selbst in Mozambique festgestellt werden konnte.

1894 war der britische Militärarzt Sir David Bruce im Zululand stationiert und sollte die Naganaseuche untersuchen, die bei Rindern großen Schaden anrichtete. Im Blutausstrich der infizierten Rinder fand er einen Einzeller, der sich mit einer Geißel fortbewegte: ein Trypanosom, das fortan *Trypanosoma brucei* genannt wurde. Allerdings lag der Übertragungsmechanismus der Seuche noch im Dunkeln bis er 1904 durch R. M. Forde und J. E. Dutton aufgeklärt wurde. Die Tsetsefliege, eine blutsaugende tagaktive Zungenfliege (*Glossina spp.*), bietet dem Parasiten Unterschlupf und verteilt ihn beim Stich durch den Speichel auf Menschen, Rinder und Antilopen (Abb. II. 1). Um dem Fortschreiten der Seuche Einhalt zu gebieten,

Abb. II. 1: Die Tsetsefliege bedient sich für ihre Nahrungsaufnahme. Copyright: R. Kaminsky, STI, Basel

bat die britische Firma Chartered Company in Rhodesien 1906 den deutschen Bakteriologen Robert Koch um Hilfe. Dieser stellte fest, dass die Tsetsefliege eine Achillesferse hat: Sie kann nur in feuchten Gebieten existieren. In trockenen Savannengebieten kommt sie so gut wie gar nicht vor. Koch machte einen Vorschlag, der uns heute die Haare zu Berge stehen lässt: Man solle die Wälder abholzen, um das Land «trockenzulegen». Nur die vollkommene Ausrottung der Tsetsefliege könne auch die Ausrottung der Seuche garantieren.

II.2   Epidemiologie

Wo es keinen Wald und keine Feuchtgebiete gibt, ist das Vorkommen der Tsetsefliege meist äußerst gering. Ohne Tsetsefliege fehlt der Überträger und es gibt keine Schlafkrankheit. Insofern hatte Robert Koch mit seinem Vorschlag, die Wälder abzuholzen, theoretisch Recht. Die ökologischen Auswirkungen davon wollen wir uns lieber nicht vorstellen. Die Verbreitung der Schlafkrankheit ist also eng an das Auftreten der Glossine gebunden. Sie erstreckt sich vom Subsahara-Gürtel bis in das südliche Afrika. Die Zahl der von Trypanosomen infizierten Fliegen zu einem bestimmten Zeitpunkt, also die Prävalenz, ist glücklicherweise gering: Nur etwa 0,1 % der Fliegen sind in der Lage, Trypanosomen zu übertragen, was die Ansteckung von Menschen relativ gering hält. Im Fall von *Trypanosoma brucei gambiense*, der Unterart von *T. brucei*, die für die Infektionen im westlichen Afrika verantwortlich ist, wird der Erreger von Tsetsefliegenarten übertragen, die der Glossinen-Untergattung *palpalis* angehören und die feuchte Biotope benötigen. Hier ist der Mensch der Hauptwirt für den Parasiten, Schweine und Hunde gelten lediglich als Nebenwirte. Anders stellt sich die Situation bei dem Erreger der Schlafkrankheit im östlichen Afrika, *T. b. rhodesiense*, dar. Hier ist der Mensch nicht der vorwiegende Hauptwirt, sondern auch Huftiere wie Antilopen und Buschböcke, Schafe und Rinder sind betroffen. *T. b. rhodesiense* wird von Glossinen der *morsitans*-Untergattung übertragen. Diese können in trockeneren Gefilden, wie der Savanne, überleben. Die ostafrikanische Schlafkrankheit nimmt einen wesentlich aggressiveren Verlauf, ist aber nicht so häufig in ihrem Auftreten beim Menschen, da die Glossinen der *morsitans*-Gruppe den Parasiten mehrheitlich von Tier zu Tier und seltener auf den Menschen übertragen.

Die WHO schätzt, dass zurzeit etwa 70 000 Menschen in Afrika mit den parasitären Trypanosomen infiziert sind. Die Sterblichkeitsrate ist hoch: 20 000 bis 30 000 Infizierte erliegen jährlich dieser Erkrankung. Ähnlich wie bei der Anophelesmücke, die in den 70er und frühen 80er Jahren des letzten Jahrhunderts dank der Anwendung des Insektizids DDT und der von den Kolonialmächten durchgeführten «Active Surveillance» praktisch als ausgerottet galt, hat sich die Population der Tsetsefliege von ihrem damaligen Tiefststand erholt und ist inzwischen wieder so zahlreich wie in den frühen 50er Jahren. Seit dem Jahr 2000 findet eine vermehrte Bekämpfung der Tsetsefliege durch diverse nationale Programme und NGOs (Non-Government Organizations) statt.

II.3   Symptome

So harmlos der Begriff Schlafkrankheit klingt, so dramatisch ist der Krankheitsverlauf. Trypanosomen werden von der Tsetsefliege beim Stich mit dem Speichel in das menschliche Blut abgegeben, wo sie sich nicht wie zum Beispiel das *Plasmodium* in die menschlichen Zellen flüchten, sondern extrazellulär im Blutsystem aufhalten (Abb. II.2). An der Einstichstelle bildet sich eine knotenartige Schwellung («Trypanosomenschanker»). Die Phase, in der sich der Erreger im Blut- und Lymphsystem aufhält, bezeichnet man als Stadium 1. Das ist der Zeitpunkt, zu dem der Patient unter hohem Fieber, Kopf- und Gliederschmerzen sowie Müdigkeit leidet. Infolge der Infektion bilden sich starke Schwellungen der Lymphknoten sowie der Milz und der Leber. Die Trypanosomen verursachen häufig noch eine generelle Gefäßentzündung, bei der das Herz besonders betroffen ist und der Tod durch Herzversagen eintreten kann. Aber die Trypanosomen machen noch nicht Halt: Als nächstes Ziel wird das zentrale Nervensystem anvisiert. Ist diese Bastion erobert – man spricht dann von Stadium 2 – erleidet der Patient schwere neurologische Störungen wie Sprach- und Koordinationsausfälle, die in der typischen Somnolenz, oder besser gesagt «Schlafumkehr» und einem übersteigerten Schlafbedürfnis, münden. Ohne Behandlung führt die Erkrankung immer zum Tod.

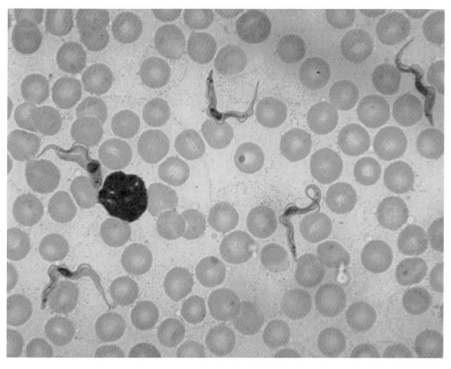

23

Abb. II.2: Der Parasit *Trypanosoma brucei* im menschlichen Blut. Copyright: R. Kaminsky, STI, Basel

II.4 Verursacherorganismus

Die Spezies *Trypanosoma brucei* ist in drei Subspezies gegliedert: *T. brucei brucei*, *T. brucei gambiense* und *T. brucei rhodesiense*. Der Auslöser der Naganaseuche, *T. b. brucei*, wird in diesem Kapitel nicht weiter berücksichtigt. Trypanosomen sind zwar «nur» einzellige Eukaryonten und im teilungsaktiven Stadium etwa 1–2 µm × 20–30 µm groß, dafür sind sie aber mit etlichen Variationen sowohl in Morphologie, also ihrer äußeren Gestalt, als auch in ihren genetischen Eigenschaften ausgestattet. Auffallend ist ihr Fortbewegungsorganell, eine Geißel. Daher zählt man sie zu den Flagellaten, heute allerdings ist dieser Begriff weniger in Gebrauch. Jetzt werden sie wegen ihres charakteristischen Zellorganells, des Kinetoplasten, der Klasse der Kinetoplastea zugeordnet. Bemerkenswert sind die morphologischen Veränderungen des

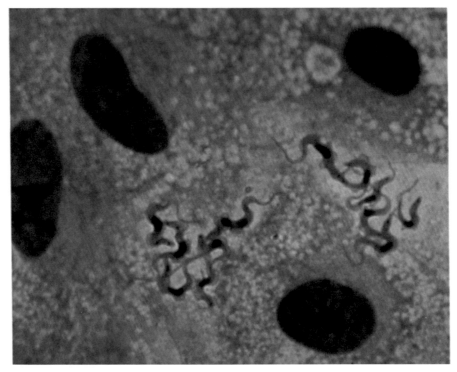

Abb. II. 3: *Trypanosoma brucei* in Kultur. Deutlich ist die typische begeißelte Morphologie erkennbar. Copyright: R. Kaminsky, STI, Basel

Einzellers während seines Lebenszyklus. Diese gestaltlichen Veränderungen gehen damit einher, dass *Trypanosoma*, ähnlich wie *Plasmodium*, sich in zwei unterschiedlichen Wirten optimal vermehren muss. Die Wirte sind in diesem Falle ein Wirbeltier und ein Insekt, die Tsetsefliege, die gleichzeitig als Überträger dient. Je nach Zyklusform, ob im Menschen oder der Tsetsefliege, gibt es morphologische Unterschiede (Abb. II. 3).

Um die Gestaltveränderung besser verstehen zu können, müssen wir einen kurzen Rückgriff auf die Trypanosomatiden im Allgemeinen machen. Zu den Trypanosomatiden gehören nicht nur die *T. brucei* Unterarten, sondern auch, für uns in diesem Buch wesentlich, *T. cruzi* und die Leishmanien.

Die vier morphologischen Formen, die beschrieben werden, aber nicht bei allen Tritryps vorkommen müssen, sind in folgender Tabelle dargestellt:

Form	Körperbau	Geißelansatz (in Bewegungsrichtung)	Vorkommen
amastigot (mikroskopisch geißellos)	rundlich, kartoffelförmig	Basalkörper, aus dem die Geißel entspringt, ist **vor** dem Zellkern; Geißel vorhanden, aber nur intrazellulär	**intrazellulär** im Wirbeltierwirt (nicht bei *T. brucei*)
promastigot (pro = im vorderen Teil)	länglich	Basalkörper, aus dem die Geißel entspringt, ist weit **vor** dem Zellkern: freie Geißel, verlängert und funktionell	nur im Insektenwirt, z. B. Schmetterlingsmücke (*Leishmania*)
epimastigot (vor dem Zellkern)	länglich	Basalkörper, aus dem die Geißel entspringt, ist **vor** dem Zellkern; Geißel legt sich seitlich an die Zelle an; Membran zwischen Geißel und Zelle	nur im Insektenwirt (nicht bei *Leishmania*)
trypomastigot (hinter dem Zellkern)	langgestreckt	Basalkörper, aus dem die Geißel entspringt, ist **hinter** dem Zellkern; Geißel legt sich seitlich an die Zelle an	Insektenwirt und Wirbeltierwirt (nicht bei *Leishmania*)

25

Legende: 1) Kinetoplast, 2) Basalkörper der Geißel, 3) undulierende Membran und Geißel, 4) freie Geißel, 5) Zellkern, 6) Vakuolen, 7) Basalkörper und Geißelrest.

Der Lebenszyklus von *T. brucei* scheint kompliziert, allein schon wegen der verschiedenen Formen und ihren wissenschaftlichen Bezeichnungen. Daher ist als Zusatz zu Text und Abbildung eine kurze Definitionsliste angefügt:

- Prozyklische trypomastigote Form: entsteht nach der Aufnahme von Blutstromformen mit dem Wirbeltierblut durch die Fliege; nichtinfektiöse teilungsaktive Form im Mitteldarm der Tsetsefliege.

- Epimastigote Form: nicht-infektiöses teilungsaktives Stadium in den Speicheldrüsen der Tsetsefliege; entwickelt sich dann weiter zu der für Säugetiere infektiösen metazyklisch trypomastigoten Form.
- Metazyklisch trypomastigote Form: infektiöses teilungsloses Stadium im Speichel der Tsetsefliege; wird auf den Wirbeltierwirt übertragen und differenziert dort zur trypomastigoten Blutstromform.

Sticht die Tsetsefliege den Menschen, verabreicht sie ihm mit ihrem Speichel einige Tausend metazyklische trypomastigote Trypanosomen. Ungefähr zwei Wochen verweilen die Eindringlinge nahe der Einstichstelle in der Haut, vermehren sich durch Längsteilung und wandern später in das Lymphsystem ein. In dieser Zeit sind sie längsgestreckt («long slender»), dank der langen Geißel sehr beweglich und intensiv mit der Teilung beschäftigt: Nur 6 Stunden beträgt die Verdopplungszeit dieses Einzellers (Abb. II. 4). Erreichen die Trypanosomen eine gewisse Dichte im Blut, verändern sie ihre äußere Form zu der gedrungenen («short stumpy») trypomastigoten Form, die sich nicht weiter teilt, dafür aber infektiös für die Tsetsefliege ist. In

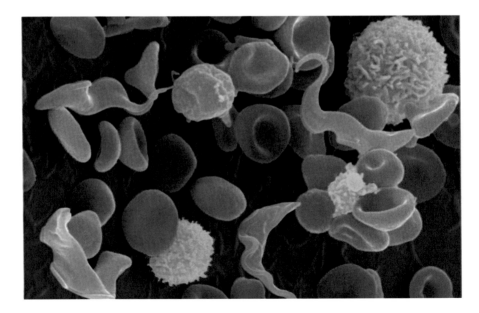

Abb. II.4: In dieser wunderschönen Aufnahme tummeln sich Trypanosomen (eisblau) in ihrer trypomastigoten Blutform zwischen den roten Blutkörperchen und den Lymphozyten (gelb). Die rasterelektronische Aufnahme erlaubt einen tiefen Einblick. Bald werden sie durch die Tsetsefliege aufgenommen. Copyright: M. Duszenko, Universität Tübingen.

perfekter Abstimmung gelangen die Parasiten nun bei einem Stich durch das Blutsaugen wieder in eine Fliege, wo sie sich im Mitteldarm zu prozyklischen Trypomastigoten weiterentwickeln und vermehren. Nach einer Weiterentwicklung zur epimastigoten Form gelangen sie in die Speicheldrüsen der Fliege, wo sie sich an das Epithel anheften. Durch eine unsymmetrische Teilung entsteht schließlich die metazyklische trypomastigote Form, die ausschließlich für den Wirbeltierwirt infektiös ist. Das Uhrwerk von *Trypanosoma* ist aufgezogen und der Zyklus kann von neuem beginnen (Abb. II. 5).

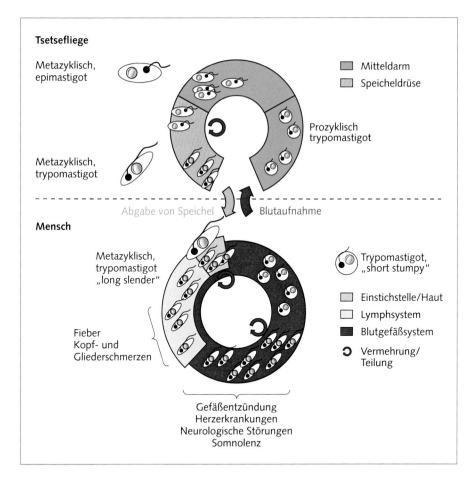

Abb. II. 5: Lebenszyklus von *Trypanosoma brucei* (schematisch): Dargestellt sind die Erreger im Menschen in der Haut, im Lymph- und Blutgefäßsystem. Die Erreger gehen aber in der zweiten Phase auch ins Zentralnervensystem über wo sie entzündliche Reaktionen, epileptische Krämpfe und Somnolenz verursachen.

II.5 Therapiemöglichkeiten

Schon die kurze Schilderung der Symptome der Schlafkrankheit lässt erahnen, dass für eine Infektion mit einem eukaryonten Parasiten wirksame Medikamente mit hoher Wahrscheinlichkeit auch solche sind, die starke und unerfreuliche Nebenwirkungen haben. Leider ist dies bei praktisch allen Medikamenten der Fall, die zurzeit zur Behandlung benutzt werden. Wegen ihrer hohen Toxizität, also ihrer giftigen Wirkung, werden in der Regel die Patienten deshalb stationär behandelt, was wiederum einen Rattenschwanz an logistischen und finanziellen Problemen nach sich zieht. Je früher eine Therapie einsetzt, umso besser sind die Heilungschancen. Heikel wird es dann, wenn die Behandlung erst im zweiten Stadium einsetzt, wenn der Erreger also schon im Gehirn angelangt ist, denn hier können bereits irreversible neurologische Schäden entstanden sein.

Wenn man geneigt ist, die beiden Formen der afrikanischen Trypanosomiasis, nämlich die *gambiense*-Form und *rhodesiense*-Form in einen Topf zu werfen, muss man sich eines Besseren belehren lassen. So eng die beiden Erreger, *Trypanosoma brucei gambiense* und *Trypanosoma brucei rhodesiense*, stammesgeschichtlich auch verwandt sind, bereits in ihrer Reaktion auf die verschiedenen antiparasitären Medikamente unterscheiden sie sich deutlich.

Bei *T. b. gambiense* ist das seit 1940 angewandte Pentamidin erste Wahl, allerdings muss die Behandlung noch im ersten Krankheitsstadium erfolgen. Laut der WHO liegt die Heilungschance dann bei 98 %. Pentamidin wird der Klasse der Diamidine zugeordnet und synthetisch hergestellt. Über seine genaue Wirkung ist man sich nicht vollkommen im Klaren, obwohl das Medikament schon eine beträchtlich lange Laufzeit aufweist. Man nimmt an, dass verschiedene Bindungsmechanismen an Nukleinsäuren stattfinden, wodurch die Kinetoplasten-DNA und die mRNA beeinträchtigt werden. Was die Nebenwirkungen angeht, so ist Pentamidin noch recht harmlos im Vergleich zu den stärkeren Geschützen für z. B. das zweite Stadium: erniedrigter Blutdruck, Schwindelgefühle, manchmal ein Kollaps. Pentamidin hat den Vorteil, dass eine Behandlung in der Regel nach 7 Injektionen, die täglich oder alle zwei Tage stattfinden, beendet ist, und die Kosten mit 30 US$ noch einigermaßen im Rahmen sind. Kommt einem das Pentamidin schon als Oldtimer vor, so mutet das Medikament Suramin aus dem Jahre 1920 fast vorgeschichtlich

an. Es wird ebenfalls synthetisch hergestellt und gehört zu der Gruppe der Azo-Farbstoffe. Früher wurde dieses Medikament bei beiden Arten der afrikanischen Trypanosomiasis eingesetzt, bis Pentamidin entwickelt wurde, das bei *T. b. gambiense* wesentlich wirksamer war. Bis heute ist Suramin das Mittel der Wahl, um *T. b. rhodesiense* im ersten Stadium zu behandeln. Sein Wirkungsmechanismus ist vor allem in der Hemmung der Aktivität diverser Enzyme zu finden. Seine Wirksamkeit kann im besten Falle 95 % betragen, allerdings ist im Vergleich zu Pentamidin die Misserfolgsrate recht hoch: Sie liegt bei etwa 25–35 %. Wenn es gut anschlägt, wirkt es aber überraschend schnell: Innerhalb von 12–36 Stunden nach der Injektion sind die Parasiten in den Lymphknoten des Patienten eliminiert. Nebenwirkungen von Suramin entstehen hauptsächlich in den Nieren, da der Wirkstoff sich dort ablagert und u. a. Albuminurie, Zylindrurie und später Hämaturie hervorrufen kann. Trotz all dieser Nebenwirkungen muss dieses wirklich alte Medikament zurzeit noch immer als das beste Mittel gegen *T. b. rhodesiense* im ersten Stadium eingestuft werden. Auch finanziell muss Suramin noch als sehr guter Kandidat angesehen werden: Eine Behandlung von fünf konsekutiv erfolgenden Injektionen kostet 25 US$. Pentamidin und Suramin werden zurzeit von den Herstellerfirmen Sanofi-Aventis und Bayer gratis abgegeben.

Wirft man einen Blick auf die Behandlungen der afrikanischen Trypanosomiasis im zweiten Stadium, wird klar, dass hier die Nebenwirkungen gravierend sind. Eine Behandlung wird zur Tortur. Zwar ist das Melarsoprol, ein Arsenderivat, höchst wirksam, denn es tötet bei den meisten Patienten den Erreger innerhalb von 24 Stunden ab, aber die Nebenwirkungen sind beträchtlich und gefährlich. Am meisten gefürchtet ist die Enzephalopathie, eine nicht entzündliche Schädigung des Gehirns. Sie tritt in etwa 5–10 % der Fälle auf und führt bei diesen in ca. 50 % zum Tode. Trotzdem ist Melarsoprol immer noch das bevorzugte Medikament für das zweite Stadium der Schlafkrankheit, und zwar sowohl für *T. b. gambiense* als auch für *T. b. rhodesiense*. Melarsoprol ist teurer als Pentamidin und Suramin. Eine komplette Behandlung kostet rund 60 US$. Eflornithin, ein Enzymhemmer, ist ebenfalls ein Medikament für das zweite Stadium und seit 1990 für die Schlafkrankheit zugelassen. Es wirkt nur gegen *T. b. gambiense*. Seine Nebenwirkungen ähneln der einer Chemotherapie bei einer Krebsbehandlung. Es ist ein gut wirkendes Medika-

ment, das auch oral verabreicht werden kann. Allerdings ist es mit 350 US$ pro Behandlung horrend teuer. Bei Resistenzproblemen wird im zweiten Stadium auch eine Kombinationstherapie aus Melarsoprol und Eflornithin oder Nifurtimox, einem Nitroimidazol, in Erwägung gezogen. Dieser kurze Abriss über die medizinischen Behandlungsmöglichkeiten der afrikanischen Schlafkrankheit zeigt zum einen auf, wie wenig moderne Medikamente auf dem Markt sind, zum anderen steht natürlich auch die Frage einer Impfung im Raum. Leider ist die Forschung auf diesem Gebiet bisher nicht annähernd so weit gediehen wie bei *Plasmodium*, dem Malariaerreger. In absehbarer Zeit ist daher nicht mit einem Vakzin zu rechnen. Warum das so ist, wird im nächsten Unterkapitel beschrieben.

II. 6 Molekularbiologische Forschungsansätze

Das Genom von *Trypanosoma brucei* wurde 2005 entziffert, wie auch das von *Trypanosoma cruzi*, dem Erreger der Chagas-Krankheit, und das von *Leishmania major*, dem Auslöser der Haut-Leishmaniose. Das neue Wissen um die Genomstrukturen hat der Erforschung dieser drei für den Menschen so unangenehmen Organismen ein starken Auftrieb gegeben, besonders was neue Therapiemöglichkeiten angeht. Bei *T. brucei* sind dies im Besonderen die Erforschung des Proteins VSG (Variant Surface Glycoprotein), das die Zelloberfläche außer dem Flagellaransatz umgibt wie ein Kokon, sowie verschiedener Stoffwechselwege, die eine Achillesferse des Parasiten darstellen könnten.

Das Genom von *T. brucei* mit einer Gesamtgröße von 26 Millionen Basenpaaren ist auf unterschiedliche Chromosomen verteilt. Es sind elf große Chromosomen vorhanden, die eine Größe zwischen 1 und 6 Millionen Basenpaaren aufweisen. Etwa 10–20 % des Erbgutes – die endgültigen Werte stehen noch nicht definitiv fest – befinden sich auf Chromosomen, die kleiner als 1 Million Basenpaare sind. Etwa 100 Minichromosomen mit Größen zwischen 30–150 Basenpaaren komplettieren das Genom. So klein diese Minichromosomen sind, sie sind für den Einzeller von großer Bedeutung, denn sie kodieren für die Gene des VSG-Proteins. Die Forscher des *Trypanosoma*-Konsortiums gehen insgesamt von etwa 9068 Genen aus, von denen ungefähr 900 wahrscheinlich funktionslose Pseudogene und circa 1700

für *T. brucei* spezifisch sind. Im Vergleich mit den parasitären «Verwandten» *T. cruzi* und *Leishmania major* ist *T. brucei* ein Organismus, der «auf kleiner Flamme kocht», denn sein Metabolismus weist gegenüber dem der beiden anderen die geringste Kapazität auf.

Warum ist das VSG-Protein für *T. brucei* so wichtig, und warum ist es wichtig, dass wir den vollständigen Wirkungsmechanismus verstehen? Wir müssen uns die Struktur dieses Mantelproteins ähnlich dem Kettenhemd eines Ritters aus dem Mittelalter vorstellen. Es umgibt den Erreger mit etwa 10 Millionen Molekülen wie eine Schutzhülle. Zu allem Überfluss besitzt *T. brucei* noch die genetische Möglichkeit, das Protein in seiner Zusammensetzung erheblich zu variieren. Wozu? Wird ein Mensch mit *T. brucei* infiziert, steigt die Anzahl der Erreger während 6–10 Tagen kontinuierlich an. In dieser Zeit findet das menschliche Immunsystem Zeit, die Produktion unserer Antikörper gegen ein bestimmtes VSG zu aktivieren. Ist dies geschehen, nimmt die sich im Blut befindende Zahl der Parasiten auch deutlich ab. Allerdings hat unser Immunsystem die Rechnung ohne *T. brucei* und die Variationsfähigkeit des VSG gemacht. Bereits in der ersten Population der Parasiten hat sich ein Parasitenklon gebildet, der eine neue Variante des VSG auf seiner Oberfläche trägt, und gegen diese sind die gebildeten Antikörper nutzlos. Das Spiel beginnt von neuem: Wieder steigt die Erregeranzahl im Blut an, wieder werden Antikörper gebildet, und wieder überrascht *T. brucei* mit einer neuen VSG-Variante. Im Genomprojekt wurden 806 Gene den VSG-Proteinvarianten zugeschrieben, allerdings stellte sich heraus, dass nur 57 davon, also etwa 7 %, tatsächlich funktionstüchtig sind. Dies reicht für *T. brucei* offenbar aus, unser Immunsystem immer wieder elegant mit seinem Täuschungsmechanismus zu umgehen. Der Rest der Gene wird Pseudogenen oder fragmentierten Genteilen zugeordnet. Die genaue Bedeutung ist nicht restlos geklärt. Die VSG-Proteinvarianten, durch geniale genetische Rekombinationsmechanismen gewährleistet, stellen ohne Zweifel einen der wichtigsten Überlebensmechanismen, wenn nicht den wichtigsten überhaupt, dar. So wäre es natürlich sinnvoll, nach einer Möglichkeit zu suchen, diesen Mechanismus zu stören, um *T. brucei* unschädlich zu machen. Eine Impfung, wie sie nun bei der Malaria angestrebt wird, scheint aufgrund der Variationsmöglichkeiten, von denen über 100 beobachtet wurden, zurzeit nicht realisierbar. Durch die Ergebnisse des Genomprojektes rückte nun aber der Membrananker, mit dem das

VSG in der Membranhülle von Trypanosoma verankert ist, ins Visier. Dieser Anker, das Glykosyl-Phosphatidylinositol (GPI), wird getrennt von dem VSG-Protein synthetisiert, dann aber an der Oberfläche mit diesem verbunden. Würde die Synthese des GPI oder die Verbindung mit dem VSG-Protein nachhaltig unterbunden, könnte das VSG nicht mehr in der Membran verankert werden und die Schutzhülle würde hinfällig. Ein anderer therapeutischer Ansatzpunkt könnte darin liegen, dass sich bei den Analysen des Genomprojektes, bei dem nicht nur *T. brucei*, sondern auch *T. cruzi* und *L. major* untersucht wurden, herausstellte, dass alle drei Trypanosomatiden in ihrem Genom zahlreiche hochkonservierte Regionen beherbergen. In der Regel wird angenommen, dass hochkonservierte Regionen für den Organismus von Wichtigkeit sind und sich während der Evolution bestens bewährt haben, so dass kein Grund für eine Veränderung besteht. Wenn man die Bedeutung dieser hochkonservierten Regionen im Detail verstanden hat, können auch diese eine Zielstruktur für neue Therapien sein.

Da die drei in diesem Buch beschriebenen Trypanosomatiden, *T. brucei*, *T. cruzi* und *L. major*, im Genomprojekt der Trypanosomatiden gemeinsam analysiert und besprochen wurden, werden Teile dieser Ergebnisse hier ebenfalls in einem gemeinsamen Info-Kasten dargestellt. Diese drei Parasiten, die zwar miteinander verwandt sind, jedoch deutliche Unterschiede sowohl in den Krankheitsbildern, die sie verursachen, als auch in ihrem Lebenszyklus aufweisen, haben eine wichtige Gemeinsamkeit: Sie weisen eine große Übereinstimmung in essenziellen Teilen des Proteinnetzwerkes auf. (Im Folgenden wird die Bezeichnung «Tritryps», die auch in der englischsprachigen Wissenschaftsliteratur benutzt wird, verwendet, wenn von allen drei Organismen zusammengenommen die Rede ist). Wenn man wie in der Mengenlehre von den Genen der Tritryps die Schnittmengen miteinander vergleicht, so ergibt sich ein Bild, in dem alle drei Organismen miteinander nicht weniger als 6158 oder über 40 % Gene, die für Proteine kodieren, gemeinsam haben, was ihre Verwandtschaft zeigt. Interessanterweise haben die beiden intrazellulären Parasiten *T. cruzi* und *L. major* zusätzliche 482 Gene gemeinsam, etwas mehr als die dem gleichen Genus zugehörigen *T. cruzi* und *T. brucei* und wesentlich mehr als der intrazelluläre Parasit *L. major* und der extrazelluläre Parasit *T. brucei* (nur zusätzliche 74 Gene). Sehr unterschiedlich stellen sich die Anteile der Organismus-spezifischen

Proteine dar. So besitzt *T. brucei* mit dem kleinsten Genom von rund 26 Millionen Basenpaaren 1392 artspezifische Proteingene. *T. cruzi* mit der großen Genomgröße von 55 Millionen Basenpaaren hat eine entsprechend höhere Anzahl von artspezifischen Proteingenen, nämlich 3736. *L. major* mit 33 Millionen Basenpaaren hat nur magere 910 artspezifische Proteingene aufzuweisen. Die Mehrheit der artspezifischen Proteingene kodiert für Oberflächenproteine. Dies mag darauf hindeuten, dass die Parasiten des Genus *Trypanosoma* eine andere Überlebensstrategie besitzen als *L. major*, und dies sich in der Anzahl der artspezifischen Oberflächengene niederschlägt.

Genomvergleich der Tritryps:

Erreger	Genomgröße Anzahl Gene (mit Pseudo-genen)	Gemeinsame Gene aller 3 Erreger	Gene gemeinsam mit *T. brucei*	Gene gemeinsam mit *T. cruzi*	Erreger typische Gene (% aller für Proteine kodierenden Gene)
T. cruzi	~ 12 000		458	–	3736 (32 %)
T. brucei	9068	6158	–	458	1392 (26 %)
L. major	8311		74	482	910 (12 %)

Zwei weitere Fragen sind für die Wissenschaftler noch brennend interessant: Zum einen sollte geklärt werden, ob die Trypanosomatiden, wie von manchen Wissenschaftskreisen postuliert, pflanzliche Genelemente in sich beherbergen, zum anderen, ob bakterielle Genelemente in diesen festgestellt werden können. Stammesgeschichtlich sind die Kinetoplastiden, zu denen die Trypanosomenfamilie gehört, mit *Euglena* verwandt, einem Einzeller, der Photosynthese betreibt und damit pflanzliche Merkmale aufweist. Dies macht einen gemeinsamen Vorfahren in der Stammesgeschichte denkbar. Genauere Untersuchungen ließen jedoch keinen Schluss in diese Richtung zu, da gewisse pflanzenspezifische Proteinteile (Proteindomänen) in Tritryps nicht gefunden wurden. Allerdings zeigen andere Daten, dass in mindestens 50 Isolaten bei den Tritryps eine starke Evidenz vorliegt, dass diese ihren Genpool mit Genen aus Bakterien durch Genübertragung (horizontaler Gentransfer) ergänzt haben, beson-

ders was die Stoffwechselgene, die für Enzyme kodieren, anbelangt. Diese Enzyme wiederum, da sie von den Bakterien her in ihrer Wirkung und Funktion bekannt sind, könnten bei den Tritryps das Ziel für eine neue Medikamentenentwicklung sein. Außerdem ist hervorzuheben, dass bei den Tritryps bei der durch die RNA-Polymerase transkribierten mRNA im Gegensatz zu anderen Eukaryonten die allgemeinen Transkriptionsfaktoren fehlen, die für Eukaryonten wesentlich sind. Das bedeutet, dass sich der Mechanismus, bei dem die DNA in mRNA überschrieben wird, offenbar deutlich zwischen den Tritryps und anderen Eukaryonten unterscheidet. Selbst die einzellige Hefe zeigt bereits den Transkriptionsmechanismus aller anderen Eukaryonten. Die Sonderrolle der Tritryps wird noch zu klären sein.

Kapitel III

Chagas-Krankheit

III. 1   Geschichtlicher Hintergrund

Im Jahre 1907 verließ der brasilianische Arzt und Wissenschaftler Carlos Chagas die damalige Hauptstadt Rio de Janeiro, um im entfernten Lassance in der Provinz Minas Gerais als Malaria-Beauftragter gegen die anwachsende Seuche Vorsorge zu treffen (Abb. III. 1). Bei der mittellosen Bevölkerung, die in armseligen Behausungen lebte, war aber weniger die Malaria Grund zur Klage, sondern dass sie nachts von «scheußlichen Insekten» gestochen und danach krank würden. Für Chagas gab es wenig Zweifel, dass dieses Insekt, in welcher Form auch immer, eine Infektion auf den Menschen übertrug. Aufgrund der Aussagen von Patienten hatte er die Raubwanze *Panstrongylus megistus* als Krankheitsüberträger im Verdacht. Im Kot dieser Raubwanzen fand er einzellige Organismen mit einer Geißel. Einige Exemplare der Insekten schickte er zu seinem Lehrer und Mentor Oswaldo Cruz nach Rio de Janeiro. Versuche mit Krallenaffen zeigten nach einem Stich der Raubwanze begeißelte Einzeller im Blut: Trypanosomen. Chagas nannte diesen neu entdeckten Parasiten seinem Lehrer und Mentor zu Ehren *Trypanosoma cruzi*. Später untersuchte er seine Patienten in Lassance und fand auch in deren Blut eben diesen Parasiten. Er lieferte eine detaillierte Beschreibung der Krankheit, der Chagas-Krankheit. Der Übertragungsmechanismus wurde 1912 durch Emile Brumpt geklärt, der nachwies, dass die Raubwanze beim Stich Kot mit infektiösen Trypanosomen abgibt, die über die Einstichstelle in den Menschen gelangen. Es darf angenommen werden – auch ohne frühere Überlieferungen – dass diese Krankheit beim Menschen schon seit langem existiert.

Abb. III. 1: Für die Malarialbekämpfung ausgesandt, entdeckte er den Erreger der Chagas-Krankheit: Carlos Chagas. Copyright: WHO/TDR/Wellcome (http://www.who.int/tdr/publications/tdr-image-library).

III. 2 Epidemiologie

Die Chagas-Krankheit ist über den gesamten südamerikanischen Kontinent und Teile Mittelamerikas bis nach Mexiko und Kalifornien verbreitet. Die Raubwanze fühlt sich überall dort wohl, wo es nicht allzu hygienisch zugeht. Deswegen ist die Chagas-Krankheit, anders als die Malaria und die Schlafkrankheit, in erster Linie ein Problem von Mittellosigkeit und elenden Wohnverhältnissen. Ungefähr 18 Millionen Menschen sind in der Neuen Welt von Chagas betroffen, ca. 21 000 sterben jährlich daran. Die Raubwanzen der Gattungen

Triatoma, Panstrongylus oder Rhodnius sind Hauptüberträger und bezüglich ihrer Saugopfer nicht besonders wählerisch: Über 150 Säugetierarten werden von ihnen heimgesucht und mit T. cruzi infiziert. Eine bevorzugt befallene Art ist das südamerikanische Gürteltier (Abb. III.2), dessen schützender Panzer offenbar ein Paradies für die Raubwanze ist. Aber auch Hunde, Katzen oder andere Haustiere wie Meerschweinchen bieten gute Nahrungsmöglichkeiten für die Raubwanzen. Es gibt mehrere Gattungen von Raubwanzen, die Trypanosomen übertragen (Abb. III.3, Abb. III.4). So wenig wählerisch sie bei ihren Saugopfern sind, so genau nehmen sie es mit ihrer Umgebung: Raubwanzen aus Waldgebieten, wo sie in Astlöchern, leeren Vogelnestern oder Felsspalten leben, werden selten in Siedlungen angetroffen und umgekehrt. Arten wie z. B. Triatoma infestans sind sehr gut an menschliche Behausungen angepasst. Die Chagas-Krankheit ist leider

Abb. III.2: Das Gürteltier (Armadillo), dient wegen seiner Anfälligkeit für Raubwanzen und damit auch für Trypanosoma cruzi als «Zuchtlabor» für T. cruzi. Copyright: WHO/TDR/ Pasteur Inst. (http://www.who.int/tdr/publications/tdr-image-library).

Abb. III.3: Nicht nur eine Art der Raubwanzen bedienen sich für ihre Blutmahlzeit beim Menschen und übertragen die Trypanosomen, sondern es sind mehrere: u.a. *Rhodnius prolixus, Triatoma brasiliensis, Panstrongylus megistus* sowie *Triatoma infestans* (Bild). Copyright: WHO/TDR (http://www.who.int/tdr/publications/tdr-image-library)

vorwiegend in ärmeren Schichten auf dem Vormarsch. Es bildet sich ein Teufelskreis aus Armut, hygienischen Missständen, Infektionen, schlechter ärztlicher Versorgung und noch größerer Armut.

III.3   Symptome

Die Chagas-Krankheit unterteilt man in eine akute und eine chronische Phase. Hat die Raubwanze zugestochen und Blut aufgenommen, gibt sie mit *Trypanosoma cruzi* verseuchten Kot ab, über den die Trypanosomen durch Einreiben in die Einstichstelle oder durch andere Hautverletzungen ins Körperinnere gelangen (Abb. III.4). Das Gesicht ist von Stichen besonders betroffen, da die Raubwanzen gerne an gut durchblutetem Gewebe mit weicher Haut saugen. Die Raubwanzen werden daher auch als «kissing bugs» bezeichnet. Zunächst merkt der Betroffene nicht viel mehr als die üblichen

Abb. III. 4: Überträger der Chagaskrankheit, die Raubwanze *Rhodnius prolixus* beim Blutsaugen und dem Abgeben eines wässrigen Kots. Copyright: WHO/TDR/Stammers (http://www.who.int/tdr/publications/tdr-image-library).

Beschwerden nach einem Insektenstich. Liegt der Stich in Augennähe, entstehen meist die für die Krankheit typischen entzündlichen Schwellungen am Auge, die so genannten «Romana'schen Zeichen». Sonst hat der Patient keine weiteren Beschwerden. Dies ändert sich nach ungefähr zwei bis drei Wochen. Kopf- und Gliederschmerzen, Atemnot, Herzbeschwerden und – in heftigen Fällen – eine Entzündung des Gehirns können auftreten. Bei ansonsten gesunden Menschen kann das Immunsystem in 60% der Fälle mit dem Eindringling fertig werden – ganz anders als zum Beispiel bei dem Malariaerreger oder *T. brucei*. Die Symptome klingen ab und der Patient gilt als geheilt, aber auch in dieser akuten Phase können Todesfälle auftreten. Bei 40% der Erkrankten schließt sich die chronische Phase an, bei der die Trypanosomen jahrelang im Menschen ausharren und schwere Organschäden hervorrufen. So «harmlos» wie die Chagas-Krankheit im Verhältnis zu den beiden vorhergehenden in der ersten Phase scheint, belehrt uns die chronische Phase eines Besseren. So

können zum Beispiel die Herzwände durch die dauerhafte Entzündung verursacht durch *T. cruzi* pergamentdünn werden und schließlich reißen (Abb. III. 5). Vorher leidet der Patient unter massiven Herzproblemen. Auch im Magen-Darm-Trakt ist die chronische Infektion mit *T. cruzi* fatal. Hier werden die Wandgewebe und die Nervenzellen durch die chronische Entzündung derart geschädigt, dass sich Magen und Darm aufgrund mangelhafter glatter Muskulatur bis zum Durchbruch aufblähen, was in vielen Fällen zum Tod führt. Das menschliche Immunsystem kann in diesem Stadium mit dem Eindringling nicht mehr fertig werden, *T. cruzi* hat freien Lauf. Frühere Annahmen, dass chronische Entzündungen in den besprochenen Geweben eine Autoimmunreaktion darstellen, können sich nach den letzten wissenschaftlichen Ergebnissen nicht mehr halten, weil es offensichtlich wurde, dass die Reaktionen des menschlichen Immunsystems ganz gezielt auf die permanente Anwesenheit des Erregers zurückzuführen sind.

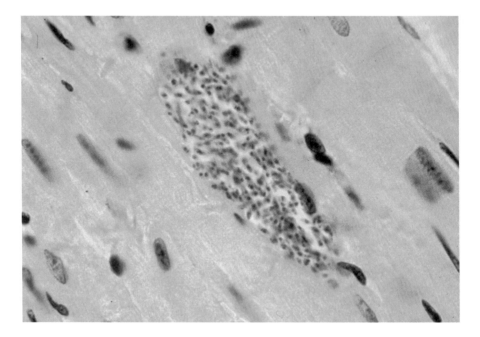

Abb. III. 5: Amastigotes Stadium von *Trypanosoma cruzi* im Herzmuskel; angefärbter Dünnschnitt durch den Muskel; in den sich vermehrenden Trypanosomen erkennt man die Kinetoplasten als dunkle Punkte. Copyright: WHO/TDR/Stammers (http://www.who.int/tdr/publications/tdr-image-library).

III.4 Verursacherorganismus

Trypanosoma cruzi ist ein einzelliger eukaryonter Parasit aus der Klasse der Kinetoplastea, der für den Menschen höchst gefährlich ist und der ebenfalls einen Lebenszyklus mit mehreren Stadien aufweist. Auch er benötigt einen Überträger, um an seine Opfer heranzukommen, nämlich die Raubwanze. Mit dem Kot der Raubwanze gelangt *T. cruzi* im metazyklischen trypomastigoten Stadium in das menschliche Blut und dringt in menschliche Zellen ein. Dies ist ein großer Unterschied zu *T. brucei*, das zwar in die Blutbahn gelangt, aber nicht in die menschlichen Zellen. In den Zellen wandelt sich *T. cruzi* in das amastigote Stadium um, in dem es nur 2 μm groß ist und sich heftig vermehrt. Noch innerhalb der Zelle, die dabei stark anschwillt, findet eine Weiterentwicklung zur trypomastigoten Form statt, die 20 μm groß und mit einer Geißel versehen ist und nach dem Aufplatzen der Wirtszelle in die Blutbahn entlassen wird (Abb. III.6). Die Horden von

41

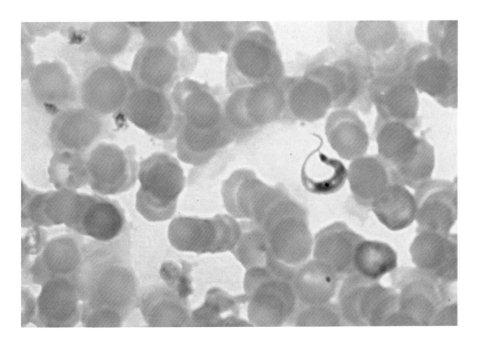

Abb. III.6: *Trypanosoma cruzi* im Blutausstrich; trypomastigotes Stadium mit «freiem» Flagellum. Copyright: WHO/TDR/Stammers (http://www.who.int/tdr/publications/tdr-image-library).

Trypomastigoten können entweder weitere Zellen des Menschen befallen oder der Raubwanze beim Saugen wieder zugeführt werden. In deren Mitteldarm findet die Entwicklung zur Epimastigote statt, die sich dann im Enddarm zur metazyklischen Trypomastigoten wandelt (Abb. III. 7). Nun ist der Parasit bereit, bei der nächsten Mahlzeit der Raubwanze durch deren Kot wieder auf den Menschen übertragen zu werden und eine Infektion auszulösen. Wie bei keinem anderen Parasiten der Gattung Trypanosoma ist hier die Möglichkeit zur Prophylaxe hoch. Strikte Sauberkeit und regelmäßige Insektizid-Spritzungen in den Wohnungen, oder das Reparieren von Dächern, damit die Raubwanzen keinen allzu leichten Einlass haben, sind Beispiele für Maßnahmen, die erschwinglich und realistisch sind.

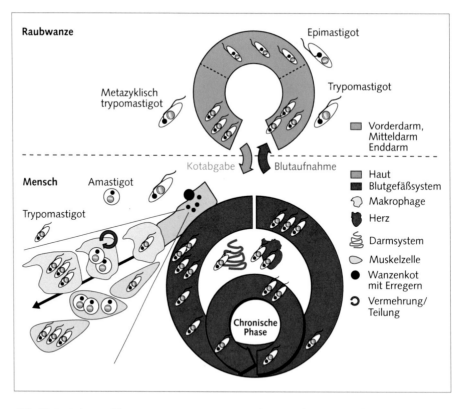

Abb. III. 7: Lebenszyklus von *Trypanosoma cruzi* (schematisch): Erste Reaktionen der akuten Chagas-Krankheit werden an der Einstichstelle in der Haut sichtbar. Die Erreger gehen dann über die Blutbahn in andere Organe über, bevor das Immunsystem die Eindringlinge eliminiert. In etwa 40 % der infizierten Fälle geht die Krankheit allerdings in die chronische Phase über, welche zu schweren Organschädigungen über entzündliche Reaktionen führen kann.

III.5 Therapiemöglichkeiten

Ähnlich wie bei der afrikanischen Trypanosomiasis sind die Therapiemöglichkeiten begrenzt und die Medikamente rufen massive Nebenwirkungen hervor. Ein weiteres Problem ist, dass sie nur in der akuten Phase effizient sind, in der chronischen Phase ist ihre Wirksamkeit drastisch vermindert. Bedauerlicherweise haben sich bei dem Erreger bereits Resistenzen gebildet, die neue Behandlungsmöglichkeiten durch Erkenntnisse molekularer Forschung fordern. Ein Mittel der Wahl ist der Wirkstoff Nifurtimox, der zu der Gruppe der Nitroimidazole gehört. Seit den späten 60er Jahren wird Nifurtimox zur Behandlung der Chagas-Krankheit eingesetzt. Die Wirksamkeit ist gut, wenn es frühzeitig eingesetzt wird. Ebenfalls positiv ist, dass es oral verabreicht werden kann und daher die Kosten der Behandlung recht gering sind – das Medikament selbst kostet für eine abgeschlossene Behandlung etwa 20 US$. Eine stationäre Aufnahme in einem Spital ist nicht unbedingt nötig. Die Nebenwirkungen jedoch sind massiv: Schwindel, Magen- und Darmprobleme schon bei niedriger Dosierung. Wird die Dosis erhöht, treten schwerere neurologische Nebenwirkungen auf. Ein weiteres Mittel gegen die Chagas-Krankheit ist das Benznidazol. Auch dieses gehört der Gruppe der Nitroimidazole an und ist in seinen Nebenwirkungen stärker und verschieden von Nifurtimox. Die schlimmste Nebenwirkung kann eine krankhafte Veränderung bei der Bildung diverser Blutzellen sein. Tritt dieser Fall ein, muss das Medikament sofort abgesetzt werden. Beide Medikamente bilden so genannte freie Radikale im Stoffwechsel von *Trypanosoma cruzi*, mit denen der Parasit aufgrund einer für ihn typischen Enzymschwäche schlecht umgehen kann. Allerdings hat die Sequenzierung des Genoms von *T. cruzi* Daten geliefert, die neue Zielstrukturen zur Bekämpfung offenbart haben. Neue Medikamente sind dringend notwendig, denn die oben genannten sind zu allem Übel auch noch mutagen und damit potenziell krebserregend. Praktisch keine Therapiemöglichkeiten hat man im chronischen Stadium. Die Behandlungen zielen zurzeit darauf ab, die Schäden, die durch die permanente Anwesenheit des Parasiten im menschlichen Körper entstehen, zu therapieren.

III.6 Molekularbiologische Forschungsansätze

Die Sequenzierungsarbeiten bei *Trypanosoma cruzi* boten wieder einmal Überraschungen hinsichtlich Genomstruktur und Proteinnetzwerk. Mit rund 60 Millionen Basenpaaren, die auf 28 Chromosomen verteilt sind, ist sein Genom damit deutlich größer als das seines nahen Verwandten *T. brucei*. 12 000 Gene hat man bei *T. cruzi* identifiziert, von denen 2271 als Pseudogene vorliegen. Da jeder Parasit eine oder mehrere besonderen Eigenschaften aufweisen muss, um seine Überlebensnische so optimal wie irgend möglich zu nutzen, hat *T. cruzi* dafür mehrere Asse im Ärmel. Bemerkenswert ist, dass es große Proteinfamilien gibt, die allesamt für Oberflächenproteine kodieren, und deren Anteil 18 % des Gesamtproteoms ausmachen. Eine Familie sind die Transsialidasen mit 737 kodierenden Genen, dann die Gruppe der Muzin-assoziierten Oberflächenproteine (Mucin associated surface proteins, MASP), die 944 Gene aufweist, die Muzine (433 Gene) sowie die gp63-Oberflächenproteasen.

T. cruzi hat nicht die Fähigkeit der schier unendlichen Antigen-Variation des Hüllproteins (VSG) wie *T. brucei*, dafür aber ein hervorragend abgestimmtes System zur Ausbeutung des Wirtes sowie des Oberflächenschutzes durch eine Vielzahl von Genen für funktionelle Proteine, die die Interaktion mit dem Wirt bewerkstelligen. Wenn man sich zum Beispiel die Transsialidasen anschaut, wird das deutlich. *T. cruzi* benötigt zum Eindringen in die Wirtszelle unter anderem Sialinsäure, kann diese jedoch nicht selbst synthetisieren. Daher besorgt er sich diese einfach beim Wirt. Die Transsialidasen sind, ähnlich wie die VSGs bei *T. brucei*, mit dem GPI-System in der Oberfläche von *T. cruzi* verankert, knipsen von den Glykoproteinen der Wirtszelle sozusagen im Vorübergehen die Sialinsäure ab, und hängen sie an parasiteneigene Glykoproteine an, die auf der Oberfläche des Parasiten positioniert sind. Dort, so wird vermutet, aktiviert die angehängte Sialinsäure die parasiteneigenen Proteine für die Anheftung an die Wirtszellen und ermöglicht deren Penetration. Die Transsialidasen sind bis jetzt die einzige Proteinfamilie, die im großen Genomprojekt neu identifiziert wurde, und deren Funktionen mehrheitlich verstanden sind. Bei der großen Gruppe der Muzine vermutet man, dass diese, ebenfalls durch GPI in der Oberflächenmembran verankert, für den äußeren Schutz des Parasiten wichtig sind. Sie haben eine Eigenschaft, die *T. cruzi* fast unverletzlich macht: Sie sind proteaseresistent,

das bedeutet, proteinabbauende Enzyme haben keine Wirkung und der Parasit ist nahezu perfekt geschützt.

Muzine, deren Name sich aus dem Lateinischen (mucus = der Schleim) ableitet, sind Glykoproteine, also Proteine, die mit einem hohen Anteil an Zuckerverbindungen versehen sind. Diese Zuckerverbindungen, auch Polysaccharide genannt, schützen den eigentlichen Proteinanteil vor enzymatischem Proteinabbau, da sie an der Außenseite des Gesamtproteins angelagert sind. Sie spielen in mehrzelligen Organismen eine Rolle bei der Barrierefunktion der Schleimhäute und, soweit bisher bekannt, bei den Einzellern eine tragende Rolle bei der Zellanheftung.

Auch wird vermutet, dass die Muzine möglicherweise eine Rolle in der chronischen Phase der Chagas-Krankheit spielen, bei der das menschliche Immunsystem vom Parasiten umgangen wird und erhebliche Organschäden verursacht werden. Ebenfalls mit GPI in der Membran verankert ist die Familie der gp63-Proteasen, proteinabbauende Enzyme, die auch bei *T. brucei* und *Leishmania* zu finden sind.

Vergleich des Vorkommens einiger der Hauptproteinfamilien:

Proteinfamilie	*T. cruzi*	*T. brucei*	*L. major*
Transsialidasen	X	X	
Muzine	X		
MASP (Muzin assoziiertes Oberflächenprotein)	X		
Oberflächenprotease gp63	X	X	X

Während die Funktion von gp63 bei *Leishmania major* geklärt ist, differieren bei *T. cruzi* die Meinungen über die Funktion der gp63-Proteasen. Es ist möglich, dass diese Proteasefamilie bei der Invasion in Wirtszellen durch ihre stark proteinabbauenden Funktionen sozusagen der Rammbock zum Öffnen der Zelle ist, da sie deren Oberflächenproteine schlichtweg «abverdaut». Während *T. cruzi* die Transsi-

alidasen und die gp63-Proteine mit *T. brucei*, resp. *Leishmania* und *T. brucei*, gemeinsam hat, sind die MASP-Proteine und die bisher identifizierten Muzinfamilien exklusiv und einzigartig für diesen Erreger.

Diese Proteinfamilien stehen für die große Anzahl der Proteine, die auf der Oberfläche positioniert und für den Schutz des Parasiten evolviert sind. *T. cruzi* setzt offenbar auf eine Armee von Oberflächenproteinen, auch «Glykokalix» genannt, die sein Überleben garantiert. Durch die Einzigartigkeit gewisser Proteingruppen und -familien in *T. cruzi* bietet sich die Möglichkeit, Therapieansätze auf diese spezifischen Proteine zu fokussieren, um endlich Medikamente anbieten zu können, die ohne die verheerenden Nebenwirkungen gut wirksam sind. Zeit dafür wäre es.

Kapitel IV

Leishmaniosen

IV. 1   Geschichtlicher Hintergrund

Leishmanien, die Erreger der diversen Leishmaniosen, sind ebenso wie die beiden zuvor besprochenen Trypanosomen geißeltragende einzellige Parasiten, die zu den Eukaryonten gehören. Es gibt viele verschiedene Leishmanienarten, die unterschiedliche Krankheitsbilder hervorrufen. Allen gemeinsam ist jedoch, dass sie von Insekten, nämlich verschiedenen Gattungen der Schmetterlingsmücken, auf die Säugerwirte übertragen werden. In der Alten Welt sind es Vertreter der Gattung *Phlebotomus*, in der Neuen Welt der Gattung *Lutzomyia*. Bei den Leishmaniosen unterscheiden wir die so genannte viszerale Leishmaniose, bei der die inneren Organe in Mitleidenschaft gezogen werden, die kutane Leishmaniose (KL), bei der die Hauptlokalisation in der Haut liegt, sowie die amerikanische Haut- und Schleimhaut-Leishmaniose, bei der vornehmlich die Schleimhäute im Kopfbereich betroffen sind. Da der Erreger der kutanen Leishmaniose, *Leishmania major*, molekularbiologisch am besten untersucht ist, wird in diesem Kapitel bei den molekularbiologischen Forschungsansätzen besonders darauf eingegangen. So wenig die Chagas-Krankheit in sehr alten Berichten zu finden ist, so üppig sind die Überlieferungen der kutanen Leishmaniose sowie der Haut- und Schleimhaut-Leishmaniose. Die erste Beschreibung aus der Neuen Welt lieferte ein spanischer Missionar, der Peru bereiste. Auch die Inkas müssen unter dieser Seuche gelitten haben, denn es finden sich Tonfigürchen aus dieser Zeit,

deren Gesichter eindeutig die Verstümmelungen der amerikanischen Haut- und Schleimhaut-Leishmaniose aufweisen. Die europäische Form der Haut-Leishmaniose wurde von einem englischen Arzt, der für eine englische Firma in Syrien tätig war, erstmalig beschrieben. Aufgrund der anatomischen Veränderungen bei einer Infektion, nämlich der starken Anschwellungen an der Stichstelle und des häufigen Vorkommens in der syrischen Stadt Aleppo, taufte er diese Krankheit «Aleppo-Beule» (u.a. auch als «Bagdad-Beule» oder «Orient-Beule» bekannt). Der Name des Erregers *Leishmania* geht auf den englischen Arzt Sir William Boog Leishman zurück, der 1903 in Kalkutta bei einem Soldaten, der an der «Kala-Azar»-Seuche gestorben war, den begeißelten Erreger in dessen stark vergrößerter Milz entdeckte. Kala-Azar ist ein Synonym für die viszerale Leishmaniose, die damals heftig in Indien grassierte. Später wurde auch der Erreger der Orient-Beule, *L. major*, durch den Chef des Moskauer Tropeninstitutes Marzowsky identifiziert. Die Parasiten erhielten den Gattungsnamen *Leishmania*.

IV.2 Epidemiologie

Leishmanien sind über alle warmen Gebiete der Erde mit Ausnahme von Australien verbreitet. Von den rund 30 verschiedenen *Leishmania*-Arten sind 21 für den Menschen potenziell gefährlich. Besonders werden Tiere wie Hunde, Katzen oder Nager von diesen Parasiten heimgesucht, die dann als Reservoir dienen können. Nach Schätzungen der WHO sind insgesamt etwa 12 Millionen Menschen mit Leishmanien infiziert. Die jährliche Neuansteckungsquote liegt bei der viszeralen Leishmaniose bei rund 500000, bei der kutanen Leishmaniose bei etwa 1.5 Millionen Menschen. Die Leishmanien der Neuen Welt findet man in Süd- und Mittelamerika, wobei sie in Chile und Südargentinien bislang nicht aufgetreten sind. In der Alten Welt hingegen sind der gesamte Landgürtel um den Mittelmeerraum, Teile der Arabischen Halbinsel sowie Teile im Äquatorbereich des afrikanischen Kontinents, der Irak, das Ganges-Delta, Kasachstan, Afghanistan, Iran und China betroffen (Abb. IV.1). Leishmaniosen treten im Gegensatz zur Schlafkrankheit oder Chagas-Krankheit nicht kontinuierlich auf, sondern haben in ihrem Auftreten durchaus epidemischen Charakter. Die letzte Epidemie einer viszeralen Leishmaniose trat im Jahr 2000 im südlichen Sudan auf: Von der geschätzten Einwohnerzahl im

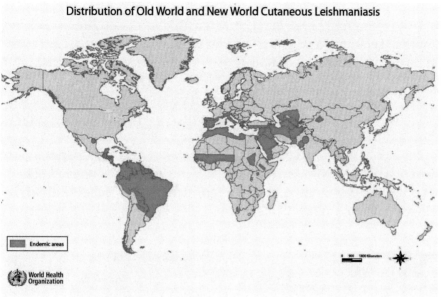

Distribution of Old World and New World Cutaneous Leishmaniasis

Endemic areas

World Health
Organization

Abb. IV. 1: Verbreitung der Leishmaniose in warmen Gebieten von Europa, Asien, Afrika und Lateinamerika. Copyright: WHO (http://gamapserver.who.int/mapLibrary/).

Seuchengebiet von 1 Million wurden 100 000 von den Parasiten tödlich infiziert.

IV. 3 Symptome

Bei Leishmaniosen unterscheidet man zwischen den kutanen Formen, die in der Regel das Hautgewebe betreffen und der viszeralen, die die inneren Organe befallen. Bei der kutanen Leishmaniose bilden sich auf der Hautoberfläche beulenartige Geschwüre («Aleppo-Beulen»). Bei dieser Erkrankung besteht die Chance, auch ohne Behandlung vollständig zu genesen. Dies sieht bei der viszeralen Leishmaniose leider ganz anders aus. Befallen die Erreger die inneren Organe wie Milz, Leber oder Knochenmark, können sie dort zu einer vehementen Organvergrößerung führen, die letztendlich dazu führt, dass der Patient an einem Multiorganversagen stirbt. Bleibt die viszerale Leishmaniose unbehandelt, endet sie für den Betroffenen in 90 % der Fälle tödlich. Das Fatale bei beiden Erkrankungen ist die relativ lange Inkubationszeit, so dass der Erkrankte sich zur Zeit des Ausbruchs der

Symptome gar nicht mehr an den Mückenstich als Ursache erinnert und die Symptome z. B. einer anderen Infektion zuschreibt. Bei der kutanen Leishmaniose dauert es meist Wochen oder sogar Monate, bis man Pusteln auf der Haut feststellt, die zuerst trocken sind und später in einen eitrigen geschwürähnlichen Zustand übergehen (Abb. IV. 2). Selten werden auch die Lymphknoten in Mitleidenschaft gezogen. Die Geschwüre vernarben, hinterlassen allerdings deutliche Spuren durch die Gewebezerstörung durch den Parasiten.

Bei der viszeralen Leishmaniose liegt die Inkubationszeit meist zwischen 3 bis 6 Monaten (!), seltener im Bereich weniger Wochen. Manchmal kann es auch über ein Jahr dauern, bis Fieber und Schüttelfrost auftreten. Eine Untersuchung des Blutes zeigt die typischen

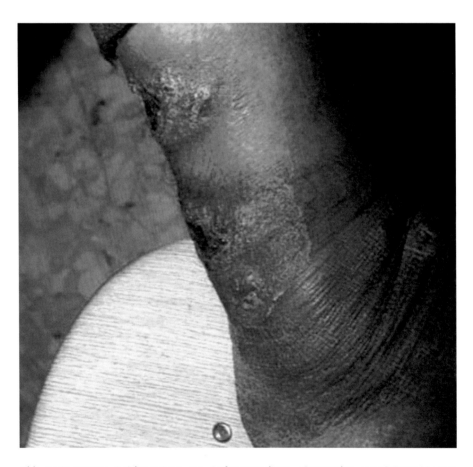

Abb. IV. 2: Kutane Leishmaniose im Anfangsstadium. Copyright: WHO/TDR/Crump (http://www.who.int/tdr/publications/tdr-image-library).

Veränderung wie Abnahme der roten Blutkörperchen (Anämie) und des Hämoglobins sowie der weißen Blutkörperchen (Leukopenie). Weitere typische Merkmale der Krankheit wie Vergrößerung von Milz und Leber oder die Bildung von Antikörpern gegen *Leishmania* geben eindeutig Aufschluss.

IV.4 Verursacherorganismus

Die zahlreichen *Leishmania*-Arten, die für den Menschen ein Krankheitsrisiko darstellen, sind morphologisch, also von ihrer äußeren Form her, einheitlich. Ebenso einheitlich ist auch ihr Lebenszyklus. Wie man schon bei den bisher genannten Parasiten die Tricks bewundern konnte, mit denen sie sowohl in Menschen oder anderen Säugetieren als auch in den übertragenden Insekten überleben, so kann man das auch bei den Leishmanien. Diese haben sich im Lauf der Evolution einen besonders perfiden Mechanismus zugelegt, um in menschliche Zellen zu gelangen und dort mehr oder weniger unbehelligt zu überleben und sich zu vermehren. Im Folgenden wird der molekularbiologisch am besten charakterisierte Vertreter, *L. major*, besprochen, der in der Alten Welt für die kutane Leishmaniose verantwortlich ist. Die meisten Leser kennen eine besonders wichtige Zellart in unserem Immunsystem, die Makrophagen (Fresszellen). Sie sind sozusagen das erste starke Geschütz, das unser Immunsystem auffährt, wenn ein Eindringling im Körper gemeldet wird. Der Makrophage umschlingt den Eindringling und nimmt ihn in sich auf. Diesen Vorgang nennt man Phagozytose. In den meisten Fällen ist damit das Problem für den Körper gelöst, denn innerhalb des Makrophagen werden die Eindringlinge durch diverse Enzyme und ein sehr saures Milieu in ihre molekularen Bestandteile zerlegt. Nicht so bei *L. major*. Anstatt vernichtet zu werden, richtet es sich dort ein, um sich zu vermehren. Werden mit dem Stich der weiblichen Schmetterlingsmücke (Abb. IV.3) Hunderte von Leishmanien in der metazyklischen promastigoten Form in die Haut des Menschen abgegeben, lassen sich diese bereitwillig von der Immunpolizei, den Fresszellen, phagozytieren. In diesem promastigoten Stadium (Abb. IV.4) befinden sich auf der Oberfläche der Leishmanien viele Moleküle eines Proteins mit zahlreichen angehängten Zuckerresten, die offensichtlich die Aktivität der Fresszelle hemmen. Die Makrophagen-Enzyme, die dennoch

Abb. IV.3: Sie sieht so fein und harmlos aus: die Schmetterlingsmücke *Phlebotomus dubosci*, Überträger der Leishmanien. Copyright: WHO/TDR/Stammers (http://www.who.int/tdr/publications/tdr-image-library).

ausgeschüttet werden, um die Eindringlinge zu vernichten, werden von parasitären Enzymen abgefangen und wirkungslos gemacht. Besonders aktiv bei der Demontage der Makrophagen-Enzyme sind die gp63-Proteine, die – wie schon erwähnt – bei allen Tritryps vorkommen und stark proteinabbauend sind. Nach dem Eindringen in die Wirtszelle entwickelt sich *L. major* zu der amastigoten Form, in der die Geißel praktisch nicht mehr sichtbar ist und die Zelle eine kartoffelartige Form annimmt. Nun vermehrt sich der Erreger und bringt irgendwann die Fresszelle zum Platzen. Entweder schwärmen die Erreger nun aus und befallen wiederum Makrophagen, oder sie werden – frei im Blut schwimmend – von der Mücke mit der Blutmahlzeit aufgenommen. Die nun in die promastigote Form entwickelte Leishmanie setzt sich im Vorderdarm des Insekts fest, entwickelt sich dort weiter zur metazyklischen Promastigote und wandert zu den Mundwerkzeugen der Schmetterlingsmücke, um von dort an den nächsten Wirt weitergegeben zu werden (Abb. IV.5).

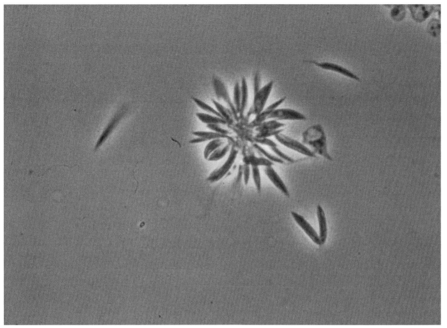

Abb. IV.4: *Leishmania*, promastigotes Stadium in Zellkultur. Copyright: WHO/TDR/Stammers (http://www.who.int/tdr/publications/tdr-image-library).

IV.5 Therapiemöglichkeiten

Seit gut einem Jahrhundert haben sich bei den Leishmaniosen zwei Antimonpräparate bewährt, die in der Regel bei der viszeralen beziehungsweise der Schleimhaut-Leishmaniose gute Wirkungen zeigen. Leider ist auch bei diesem Parasiten eine Resistenzbildung gegen diese Medikamente nicht zu stoppen. Heute wird das 1955 entwickelte Amphotericin B benutzt, ein Polyen-Antibiotikum, das aus dem Bodenbakterium *Streptomyces nodosum* isoliert wurde. Besonders wirksam ist die Verabreichung in Form von Liposomen-Verpackungen. Hierbei wird der Wirkstoff in winzige Fettkügelchen eingehüllt. Durch diese Maßnahme, so nehmen die Forscher an, wird das Medikament gezielter an die infizierten Zellen transportiert und kann mit unverminderter Dosierung eine bessere Wirksamkeit entfalten. Leider ist diese Therapieform sehr teuer. Ein ganz neues Medikament ist das Miltefosin, das sowohl bei der viszeralen als auch bei der kutanen

Leishmaniose eingesetzt werden kann. Es befindet sich zurzeit in der III. klinischen Entwicklungs-Phase und weist eine erstaunliche Heilungsrate von 95 % auf. Ebenfalls ein Hoffnungsträger ist das Paromomycin, ein altbekanntes Aminoglykosid-Antibiotikum, dessen Wirksamkeit gegen Leishmanien erst in jüngster Zeit entdeckt worden ist. Es ähnelt in seiner Struktur und Wirkungsweise dem bekannten Antibiotikum Neomycin. Paromomycin ist ein natürliches Antibiotikum, das aus dem Bakterium *S. rimosus* gewonnen wird.

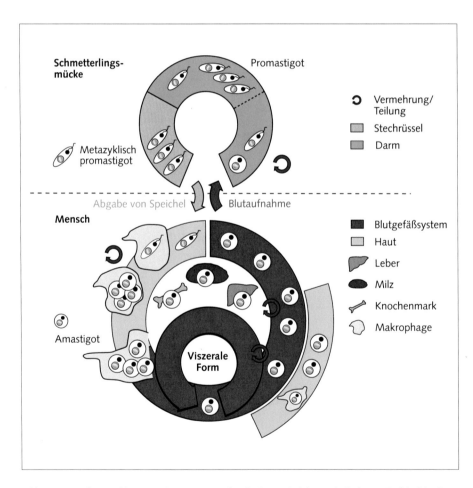

Abb. IV.5: Lebenszyklus von Organismen der Gattung *Leishmania* (schematisch): Die Erreger vermehren sich im Menschen in Makrophagen. Bei der kutanen Leishmaniose bleiben die Erreger auf die Haut beschränkt und können beulenartige Geschwüre verursachen; bei der viszeralen Form werden Organe infiziert und in ihrer Funktion beeinträchtigt.

IV.6 Molekularbiologische Forschungsansätze

Der vorerst letzte Organismus, dessen Genom in dem großangeleg-ten «Tritryps Genome Project» entziffert wurde, ist *Leishmania major* (Stamm Friedlin), der für die Entstehung der kutanen Leismaniose im Nahen Osten, in Afrika und Zentralasien verantwortlich ist. Die molekularbiologischen Gemeinsamkeiten der drei besprochenen Parasiten wurden bereits in der Tritryps-Box vorgestellt. Daher geht dieses Unterkapitel nur auf die spezifischen molekularen Eigenschaf-ten von *L. major* ein. Das Erbgut von *L. major* ist auf 36 Chromoso-men verteilt, die rund 33 Millionen Basenpaare beinhalten. Insge-samt wurden 8272 Protein-kodierende Gene festgestellt, aber nur 39 Pseudogene. Noch erstaunlicher ist, dass *L. major* gegenüber *Trypa-nosoma brucei* und *T. cruzi* lediglich 910 Protein-kodierende Gene aufweist, die für diesen Stamm spezifisch sind. Wie man bisher fest-stellen konnte, sind diese spezifischen Gene willkürlich über alle Chromosomen verteilt. Die Gene kodieren für Schlüsselenzyme im Stoffwechsel, der sich offenbar zwischen *L. major* und *T. brucei* sowie *T. cruzi* unterscheidet. Besonders sind dies Enzyme, die zum Protein-abbau notwendig sind. Andere wiederum konnten den Transport-proteinen sowie Komponenten, die an der Biosynthese von Molekü-len, die mit Zuckern versehen sind, zugeordnet werden. 68% aller-dings sind in ihrer Funktion noch weitgehend unbekannt und sind Gegenstand intensiver Forschung. Von höchstem Interesse sind einerseits zwei Gene, die zwar nicht exklusiv bei *L. major* vorkom-men, deren Proteine aber sehr wichtige Rollen bei der Einwande-rung in die Makrophagen spielen und die damit dem Parasiten ein Überleben im Wirt garantieren. Andererseits sind auch alle hoch-konservierten Erbgut-Regionen der Tritryps wichtig, die keine Gemeinsamkeiten mit Regionen des Säugergenoms aufweisen, so dass Gene und Genprodukte dieser konservierten Regionen zusätzli-che Ziele der Medikamentenentwicklung sein könnten. Viele der molekularen Daten sind noch unvollständig ausgewertet, aber die Grundlagen sind durch das Sequenzierungs-Projekt so gelegt, dass man durch weitere Analysen besonders diejenigen Proteine identifi-zieren kann, die die Virulenz des Parasiten ausmachen. Genauso hofft man, die lebenswichtigen Enzyme als neue Therapieziele effi-zient blockieren zu können. Durch die molekularbiologischen Erkenntnisse ist man inzwischen so weit, dass man Stämme, die

zwar noch lebensfähig sind, bei denen aber Virulenzfaktoren ausgeschaltet wurden, als mögliche Impfkandidaten, die bereits an Tieren
getestet wurden, verwenden könnte.

Kapitel V

Tuberkulose

Es wird manchen Leser wundern, dass die Tuberkulose (TB) in diesem Buch als Tropenkrankheit beschrieben wird. Tuberkulose, die seit dem Altertum bekannt ist, hat sich nicht nur in den gemäßigten Zonen der Alten Welt, sondern nahezu weltweit und damit auch in den Tropen massiv ausgebreitet. Da sie in Indien und in dem Subsahara-Gürtel von Afrika, im südlichen Afrika (vor allem in Gebieten mit einer hohen HIV/Aids-Rate) sowie in den tropischen Zonen des Amazonas-Beckens vehement auf dem Vormarsch ist, wird sie in diesem Buch behandelt.

V.1   Geschichtlicher Hintergrund

Eines der ältesten Vorkommen des Tuberkulose-Erregers, nämlich des *Mycobacteriums tuberculosis*, konnte an einem Bisonskelett nachgewiesen werden, das nach wissenschaftlichen Schätzungen etwa 20 000 Jahre alt sein dürfte. Beim Menschen kann das Vorkommen der Tuberkulose Jahrtausende zurückverfolgt werden. In ägyptischen Mumien, die vor 4000–5000 Jahren mumifiziert wurden, konnte man die eindeutigen Merkmale tuberkulöser Zerstörung nachweisen. In China berichtete im dritten Jahrtausend v. Chr. der chinesische Arzt Huang Ti Nei-Ching über diese Erkrankung. Ebenso erwähnte der Grieche Herodot (ca. 485–425 v. Chr.) Symptome, die auf Tuberkulose hinweisen. Etwa um 460 v. Chr. empfahl Hippokrates gegen die «Phthisis» (gr.: Schwund), die damals praktisch immer tödlich verlief,

gute Ernährung, wenig körperliche Bewegung und keine Frauen. Später waren es die arabischen Mediziner, die diese Krankheit beschrieben und als Heilungsvorschläge vor allem Luftveränderung und Heilbäder verordneten. Erst im 17. Jahrhundert, als die Bevölkerungsdichte und damit auch die Ausbreitung der Tuberkulose zunahmen, wurde diese pathologisch und anatomisch genauer untersucht. Der französische Arzt Sylvius Deleboe (1614–1672) fand bei Autopsien von an Tuberkulose gestorbenen Menschen knötchenförmige, einem Hirsekorn ähnelnde Gebilde, die sowohl in der Lunge wie auch dem Darm zu finden waren. Er nannte diese Gebilde «Tubercula». Der Name Tuberkulose wurde erst 1832 von dem deutschen Arzt Lukas Johann Schoenlein eingeführt. Einen wesentlichen Beitrag zur Diagnose und Untersuchung des Krankheitsverlaufes leistete der französische Arzt Theophil R. H. Laennec durch die Erfindung des Stethoskops. Seine intensive Forschungsarbeit über Lungenkrankheiten wurde schlecht belohnt: Er erkrankte selbst an Tuberkulose und starb 1826 daran. Aber nicht nur er war ein prominentes Opfer dieser Seuche: Molière, Richelieu, Calvin, Chopin, Novalis, Klabund, Kafka und viele andere mehr wurden durch die Schwindsucht, wie die Tuberkulose im Volksmund hieß, hinweggerafft.

Lange klafften die Meinungen von Wissenschaftlern und Ärzten über die Ursachen der Tuberkulose auseinander. Die einen meinten, es handele sich um eine Erbkrankheit (was die Bevölkerung in vielen Gegenden des betroffenen Afrika heute noch glaubt), die anderen sprachen von der «Arme-Leute-Krankheit», da Tuberkulose in der Tat in begüteteren Schichten weit weniger auftrat. Allen Spekulationen ein Ende setzte Robert Koch 1882, als er demonstrierte, dass der «Koch'sche Bazillus», nämlich das *M. tuberculosis*, der Auslöser der Tuberkulose ist. 1905 wurde er dafür mit dem Nobelpreis ausgezeichnet.

V.2   Epidemiologie

Die Tuberkulose gehört weltweit zu den für den Menschen gefährlichsten Infektionskrankheiten. Die WHO schätzt, dass rund ein Drittel der Weltbevölkerung mit Tuberkulose infiziert ist. Jährlich soll es etwa 9,2 Millionen Neuansteckungen geben, wovon 1,6 Millionen tödlich verlaufen. Diese Daten gab die WHO anlässlich des Welt-

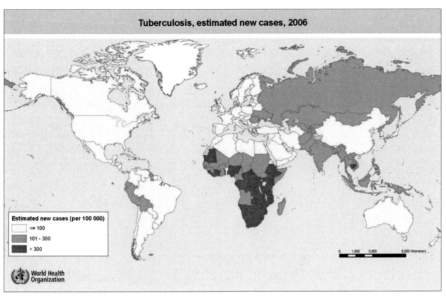

Abb. V. 1: Übersichtskarte der neuen Fälle von Tuberkulose im Jahr 2006. Copyright: WHO (http://gamapserver.who.int/mapLibrary/).

tuberkulosetages in Genf im März 2008 an. Ein Blick auf die Übersichtskarte der betroffenen Länder zeigt die Verteilung der neuen Fälle (Abb. V. 1). Die höchste Gesamtzahl an Betroffenen hat Indien, gefolgt von China, Indonesien, Südafrika, Zentralafrika, den Staaten der ehemaligen Sowjetunion sowie dem Ostteil des südamerikanischen Kontinents. Eine besondere Brisanz hat die Infektion in Ländern gewonnen, die einen hohen Anteil an HIV/Aids-Patienten aufweisen. Durch das geschwächte Immunsystem wird dem Mykobakterium der Eintritt in den menschlichen Körper so leicht gemacht, wie einer Mannschaft ein Fußballspiel gegen ein Team ohne Torwart. *Mycobacterium tuberculosis*, von dem dieses Kapitel hauptsächlich handelt, ist nicht der einzige Vertreter dieser unangenehmen Familie. Neben *M. leprae*, dem Verursacher der Lepra, und *M. ulcerans*, dem Erreger von Buruli Ulcer, ist noch *M. bovis*, der Erreger der Rindertuberkulose, aus dem großen Kreis der Mykobakterien zu nennen. Die Rindertuberkulose ist in Europa und Nordamerika durch die drastischen Maßnahmen («Test and slaughter» = «Testen und schlachten») in den zwanziger Jahren des vorigen Jahrhunderts fast komplett ausgerottet. In Afrika allerdings ist die Rindertuberkulose besonders bei den Nomadenstämmen,

die von der Rinderzucht leben, noch weit verbreitet. Die Wissenschaftler sind sich nicht einig, ob die Tuberkulose als Zoonose vom Tier auf den Menschen oder vom Menschen auf das Tier übergegangen ist. Unter Zoonosen versteht man Infektionen, die zwischen Tier und Mensch durch enges Zusammenleben ausgetauscht werden. Die Tuberkulose beim Menschen ist in ihrem Auftreten nicht nur an das Vorhandensein von *M. tuberculosis* gekoppelt. Lebensumstände, Hygiene, Ernährung sowie gesundheitlicher Gesamtstatus spielen ebenfalls eine wesentliche Rolle.

V. 3   Symptome

Bei einer Infektion mit *Mycobacterium tuberculosis* ist die Lunge im Vergleich mit andern Organen mit 80% das am stärksten betroffene Organ. Andere Organe und Knochen können ebenfalls befallen werden, worauf in diesem Kapitel aber nicht weiter eingegangen wird.

Der Infektionsverlauf wird heute in zwei Stadien eingeteilt: in die Primärtuberkulose sowie die Sekundärtuberkulose. Früher wurde ein drittes Stadium angenommen, die Latente Tuberkuloseinfektion (LTBI), d. h. dass nach einer Primärinfektion und einer «Ruhephase» die eingekapselten Mykobakterien wieder reaktiviert würden. Dies ist aber nach neuesten Erkenntnissen durch spezielle DNA-Untersuchungen nicht der Fall. Bei der LTBI handelt es sich um eine Reinfektion von außerhalb (Abb. V. 2).

Nur etwa 2–5% der infizierten Menschen entwickeln klinische Symptome der Primärtuberkulose und etwa 10% von diesen entwickeln eine Sekundärtuberkulose. Bei der Primärtuberkulose dringen die Erreger in der Regel über den Luftweg (Tröpfcheninfektion) in den menschlichen Körper ein. Ist das Immunsystem wachsam, werden die Mykobakterien von den Fresszellen, den Makrophagen, eingeschlossen. Es bilden sich in der Regel kleine Knötchen, quasi Kapseln, um den Erreger. Man spricht in diesem Fall von geschlossener Tuberkulose, die wenig äußerliche Symptome aufweist und auch nicht ansteckend ist, da die Erreger mit dem Husten, der in Form von leichtem Hüsteln auftreten kann, nicht verbreitet werden. Bei ca. 90% der Betroffenen heilt die Primärtuberkulose «stumm» aus, d. h. der Patient muss überhaupt nicht wahrnehmen, dass er überhaupt infiziert war. Bei der Sekundärtuberkulose bricht die Krankheit erst wesentlich

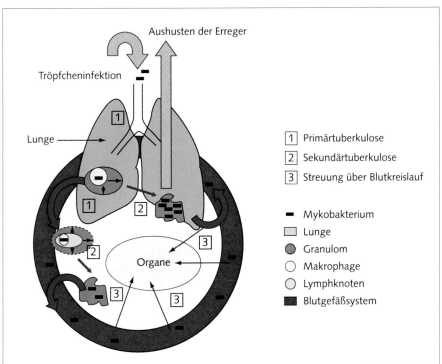

Aushusten der Erreger

Tröpfcheninfektion

Lunge

1 Primärtuberkulose

2 Sekundärtuberkulose

3 Streuung über Blutkreislauf

━ Mykobakterium

▢ Lunge

● Granulom

○ Makrophage

◯ Lymphknoten

▰ Blutgefäßsystem

Organe

61

Abb. V. 2: Infektionsverlauf der Tuberkulose (schematisch): Das Mykobakterium gelangt über Tropfen oder Staub in die Lunge. 1. Primärinfektion in Lunge und Lymphknoten, wo eine erste Immunreaktion ausgelöst wird. Es bilden sich Tuberkel, kleine Granulome, die spontan heilen und verkalken können. 2. *Mycobacterium tuberculosis* kann aus einem nicht abheilenden Granulom nach längerer Latenzzeit in die Blutbahn gelangen und 3. andere Organe befallen oder aus der Lunge ausgehustet werden; damit ist das Stadium der Sekundär-Tuberkulose erreicht. Dies tritt vor allem bei Patienten mit geschwächtem Immunsystem ein. Die Krankheitssymptome sind vor allem die Folge des aktivierten Immunsystems und nicht des Mykobakteriums selbst.

später nach der Infektion aus. Dies kann Wochen, Monate aber auch Jahre dauern. Die Symptome werden deutlich: anhaltender Husten mit Auswurf, fortwährendes leichtes Fieber, Gewichtsabnahme (Schwindsucht) und schließlich Bluthusten, der durch zerstörtes Lungengewebe entsteht. Diese Form der Tuberkulose ist ansteckend, denn die Tuberkuloseerreger sind nicht mehr abgekapselt und finden den Weg ins Freie. Schließlich können noch die gefürchteten Blutstürze – plötzliche heftige Blutungen – in der Lunge auftreten und die Gesichtsfarbe der Kranken wird zunehmend weiß, weswegen Tuber-

kulose in früheren Zeiten auch als »weiße Pest« bezeichnet wurde. Dazu können bei dem Ausschwärmen der Mykobakterien in das gesamte Organsystem schwerste Störungen des Allgemeinzustandes eintreten, bis hin zum Tod.

V. 4 Verursacherorganismus

Mycobacterium tuberculosis ist ein gram-positives, stäbchenförmiges Bakterium, dessen besonders robuste Zellwand schon Robert Koch auffiel (Abb. V. 3). Sie weist einen überdurchschnittlich hohen Anteil an Lipiden, also Fetten, auf, die es schier unverletzbar machen. *M. tuberculosis* ist weitgehend säure- und alkoholresistent. Zum Glück teilt es sich aber nur sehr langsam: Alle 16–20 Stunden verdoppelt es sich und muss weitgehend unter aeroben Bedingungen leben, d. h. es benötigt Sauerstoff. Ein kleiner Vergleich mit der Verdoppelungszeit

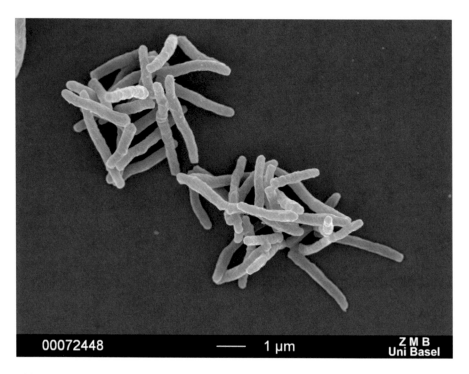

00072448 ——— 1 µm Z M B Uni Basel

Abb. V. 3: Mykobakterien in einer rasterelektronenmikroskopischen Aufnahme. Gut erkennbar ist die typische stäbchenförmige Gestalt. Copyright: Düggelin, ZMB Uni Basel.

von *Escherichia coli*: Dieses Darmbakterium hat in der Regel eine Verdoppelungszeit von etwa 20–30 Minuten! Gelangt *M. tuberculosis* in den menschlichen Körper, wird das Immunsystem aktiv und sendet Makrophagen aus, um den Eindringling unschädlich zu machen. Das Bakterium wird zwar vordergründig «aus dem Verkehr» gezogen, hat aber einen Mechanismus entwickelt, wie es sich der Zerstörung im Makrophagen entziehen kann. Es kann im Makrophagen sozusagen überdauern. Dies wird im Unterkapitel «Molekularbiologische Forschungsansätze» näher beschrieben. Sobald sich nun der infizierte Organismus in einer schlechten Verfassung befindet, kann *M. tuberculosis* aus seinem Versteck hervorkommen und seine Infektionstätigkeit wieder aufnehmen.

V. 5   Therapiemöglichkeiten

Es war der amerikanische Forscher Selman Abraham Waksman, der 1943 durch die Entdeckung des Antibiotikums Streptomycin das erste wirksame Chemotherapeutikum gegen Tuberkulose bescherte. 1952 wurde er dafür mit dem Nobelpreis für Medizin und Physiologie ausgezeichnet. Die Freude über dieses Medikament war groß, allerdings stellte sich heraus, dass *Mycobacterium tuberculosis* sich nur kurze Zeit davon einschüchtern ließ. Nur zu bald stellten sich die bekannten Resistenzbildungen ein. Heute wird die so genannte «unkomplizierte Tuberkulose» mit einem Viererpack Antibiotika therapiert. Rifampicin, Isoniazid, Ethambutol und Pyrazinamid werden als Kombinationspräparat über mindestens zwei Monate verabreicht. Danach folgt eine Weiterbehandlung mit einem Zweierpaket aus Rifampicin und Isoniazid für vier Monate. Die genannten Medikamente sind nicht ganz ohne Nebenwirkungen: Ethambutol kann Schädigungen des Sehnervs hervorrufen, die drei anderen können für Leberschäden verantwortlich sein. Das große Problem – wie bei allen Antibiotika-Therapien – ist die Disziplin der Patienten, sich genau an das Einnahmeschema zu halten, und nicht auf halbem Weg, wenn man sich scheinbar gesund fühlt, die Behandlung abzubrechen.

Sprachen wir oben von unkomplizierter Tuberkulose, so stellt sich die Frage: Was ist eine komplizierte? In den 90er Jahren des letzten Jahrhunderts tauchten erste Berichte über eine erschreckende Tuberkuloseform auf. Es handelt sich um die MDR-Tuberkulose (MDR:

Die Haupttherapeutika bei Tuberkulose:

- Einsatz bei der unkomplizierten Tuberkulose:
  Die Kombinationspräparate Rifampicin, Isoniazid sowie Etham-
  butol sind Antibiotika. Pyrazinamid ist ein Tuberkulostatikum,
  das zwar bei *M. tuberculosis*, nicht aber bei *M. bovis* wirkt.
- Einsatz bei der MDR-Tuberkulose:
  Kapreomycin* und Kanamycin gehören zu den Aminoglykosiden,
  Ofloxacin*, Ciprofloxacin und Levofloxacin* zu den Fluorchino-
  lonen, Ethionamid und Prothionamid zu den Thionamiden.

Die mit * gekennzeichneten Medikamente sind für ärmere Länder
zu teuer.

Multi Drug Resistant). Bei dieser Tuberkuloseform ist der Erreger
gegen mehrere Antibiotika resistent, und die Tuberkulose erhält
dadurch wieder ein wesentlich größeres Schreckenspotenzial. Hier
müssen starke Geschütze, ebenfalls in Kombination, aufgefahren werden. Es liegt eine relativ breite Palette von Medikamenten vor, deren
wirksamste allerdings dermaßen teuer sind, dass sie für ärmere Länder
in breiter Anwendung nicht zu finanzieren sind. Leider sind auch die
Nebenwirkungen massiver als die der erst genannten Medikamente,
besonders die Leber wird beeinträchtigt.

Der zurzeit hoffnungsvollste Therapieansatz ist die Anwendung
des Diarylchinolins R207910, das sich in der klinischen Test-Phase
befindet. Dieses Medikament hemmt das Enzym ATP-Synthase. Im
nächsten Unterkapitel wird näher darauf eingegangen.

Es stellt sich natürlich auch die Frage nach einem Schutz durch
eine Impfung. Bereits im Jahr 1921 hatte man im Pasteur-Institut in
Paris einen Lebendimpfstoff entwickelt, den Bacillus Calmette-Guérin
(BCG). Die Wirksamkeit, besonders in den Tropen und Subtropen, ist
jedoch nicht stark genug, um die Tuberkulose dadurch effizient ein-
zudämmen. Zurzeit versucht man durch gentechnische Veränderungen des Impfstammes die Wirksamkeit zu erhöhen.

V. 6   Molekularbiologische Forschungsansätze

Bereits im Jahr 1998 wurde das Großprojekt der Sequenzierung des Tuberkuloseerregers *Mycobacterium tuberculosis* und der Beginn der Aufklärung der Biologie dieses gefährlichen Bakteriums veröffentlicht. Bei der Größe des Genoms, also der Anzahl der Basenpaare sowie der Gene liegt *M. tuberculosis* ungefähr im Bereich des «Haustierchens» der Molekularbiologen, *Escherichia coli* (Stamm K12): Das Genom von *M. tuberculosis* umfasst insgesamt rund 4.4 Millionen Basenpaare (*E. coli*: 4.6 Millionen) und ungefähr 4000 Gene (*E. coli*: 4300). Damit lag *M. tuberculosis* zusammen mit *E. coli* lange Zeit an der Spitze der Hitliste der entzifferten bakteriellen Genome. Allerdings ergab die kürzlich erfolgte Sequenzierung des «Urahnen», dem *M. marinum*, ein grandiose Überraschung: mit 6,6 Millionen Basenpaaren weist dieses das bisher größte Genom eines Mykobakteriums auf. Beim näheren Untersuchen der Gene von *M. tuberculosis* entdeckte man solche, die für bestimmte Proteine kodieren, die es dem Mykobakterium ermöglichen, notfalls auch unter anaeroben Zuständen, also ohne Sauerstoffzufuhr, zu überleben. Dies ist bedeutsam für das Bakterium, da es dadurch eben in menschlichem Gewebe, wo anaerobe oder fast anaerobe Bedingungen vorherrschen, ausharren kann, ohne abzusterben. Des Weiteren wurden Gene identifiziert, deren Genprodukte, nämlich Enzyme für den Fettstoffwechsel von immenser Bedeutung sind. Robert Koch hatte schon, wie oben erwähnt, die auffallende Zellwandstruktur des alkohol- und säurefesten Bakteriums beschrieben und seine Verwunderung über die außerordentliche Stabilität der Zellwand zum Ausdruck gebracht. Diese Zellwand weist einen enorm hohen Anteil an Fetten, zum Teil solchen, die selten vorkommen, auf und unterscheidet sich dadurch deutlich von den Zellwänden anderer Bakterien. Durch die Identifizierung des Erbgutes vom *M. tuberculosis* wurden auch die Zusammenhänge klar, wie *M. tuberculosis* den Auf- und Abbau der ungewöhnlichen Zellwand handhabt: Eine überproportional große Anzahl von Enzymen, die sowohl beim Fettaufbau (Lipogenese) als auch beim Fettabbau (Lipolyse) beteiligt sind, werden von diesen neu identifizierten Genen kodiert. Im Weiteren wurden Gene für zwei Proteinfamilien gefunden, die sehr wahrscheinlich für das Überleben des Erregers wichtig sind, da erstaunliche 10 % der Kodierungskapazität des Erbguts auf diese zwei Familien entfallen. Bei den beiden Proteinfamilien handelt

es sich um die PE- und PPE-Familien, die im Kapitel VI «Buruli Ulcer» genauer beschrieben werden. Durch Vergleich mit Proteinfamilien anderer Mikroben vermutet man, dass sie an dem Prozess der Antigen-Variation beteiligt sind. Bei der Antigen-Variation handelt es sich um die Tatsache, dass ein Organismus durch Veränderung gewisser Proteinsequenzen das Immunsystem ins Leere laufen lassen kann, denn die menschlichen Antikörper, die z. B. gegen Protein A1 gebildet wurden, sind beim Protein mit der Variation A2 nutzlos. Wir sehen, dass sowohl pathogene Bakterien wie *M. tuberculosis* als auch parasitäre Einzeller, wie in anderen Kapiteln bereits beschrieben, ihr molekularbiologisches Gesamtkonzept vorrangig auf die Überlebenssicherung in ihrem Wirt ausrichten.

Eine weitere faszinierende Entdeckung in Bezug auf das Überleben von dem Tuberkuloseerreger gelang einer internationalen Forschungsgruppe unter der Leitung von Jean Pieters vom Biozentrum Basel. Sie nahm die bereits erwähnte Eigenschaft von *M. tuberculosis* unter die Lupe, im Menschen innerhalb der Makrophagen quasi stumm zu verweilen, und erst, wenn der Körper schwächelt, aus seinem Versteck aufzutauchen und die Infektion heftig aufflammen zulassen. Der gefundene Mechanismus ist so trickreich, dass man über diese evolutionäre Meisterleistung nur staunen kann: Wenn *M. tuberculosis* den Körper infiziert, so wird es, wie jeder fremde Eindringling, vom Immunsystem entdeckt, planmäßig von den dafür verantwortlichen Makrophagen vereinnahmt und innerhalb dieser in den so genannten Phagosomen «zwischengelagert». Programmgemäß müsste das Bakterium nun an kleine Zellorganellen, die Lysosomen, weitertransportiert werden. Dort sollte es durch verschiedene Enzyme in seine molekularen Einzelteile zerlegt und damit unschädlich gemacht werden. Leider aber hat *M. tuberculosis* eine äußerst wirksame Gegenwehr entwickelt, die es ihm ermöglicht, den Weitertransport an die vernichtenden Lysosomen zu verhindern. So kann der Erreger unbehelligt in den Phagosomen ausharren und auf eine günstige Gelegenheit zur Reaktivierung warten.

Vermutet wurde schon seit Längerem, dass *M. tuberculosis* zum Verstecken in den Phagosomen Hilfe von einem Wirtsprotein benötigt. Dieses Protein wurde in früheren Arbeiten TACO–Protein genannt, heute lautet die Bezeichnung Coronin-1. Um die Vermutung zur Tatsache werden zu lassen, musste eindeutig nachgewiesen werden, dass das Wirtsprotein Coronin-1 in der Tat eine Helferrolle

für *M. tuberculosis* beim Verbergen in den Phagosomen spielt. Zum anderen musste klargestellt werden, ob Coronin-1 eventuell eine Funktion in Hinsicht auf mögliche Veränderungen in dem für die Phagozytose wichtigen Zellskelett oder in der für die Vernichtung der Bakterien wichtigen Signalübertragung in der Zelle hat. Die Züchtung von transgenen Mäusen, die genetisch Coronin-1-defizient waren, also kein Coronin-1 bilden können, ermöglichte die Abklärung dieser Frage. Egal, unter welchem Aspekt die Forscher dieser Frage nachgingen: Es zeigte sich kein Unterschied hinsichtlich einer Veränderung der Zellstruktur sowohl bei den transgenen, Coronin-1-defizienten Mäusen und als auch bei den normalen Coronin-1-produzierenden Mäusen. Allerdings wurde entdeckt, dass in den Makrophagen der transgenen Mäuse das Bakterium umgehend aus seinem sicheren Versteck, den Phagosomen an die Lysosomen ausgeliefert und vernichtet wurde (Abb. V. 4). Ohne Coronin-1 verliert *M. tuberculosis* offenbar seinen Überlebensschutz. Die Frage, die sich aufdrängt: welcher Mechanismus befähigt das Coronin-1, dem *M. tuberculosis* als Helfershelfer zu dienen? In den folgenden Experimenten wurden die beiden Immunsuppressiva Cyclosporin und Tacrolimus eingesetzt. (Immunsuppressiva unterdrücken Funktionen des Immunsystems, um z. B. nach Organtransplantationen Abstoßungsreaktionen zu vermeiden). Beide Substanzen blockieren das Signalmolekül Calcineurin. Nach Zugabe dieser Wirkstoffe und der darauf folgenden Calcineurin-Blockade waren die Mykobakterien vollkommen hilflos dem Abbau durch die Lysosomen ausgeliefert. Coronin-1 könnte also eine Rolle bei der Aktivierung Kalzium-abhängiger Signalprozesse in den Makrophagen spielen und so den Transport des Mykobakteriums in die verdauenden Lysosomen verhindern. Weitere Hinweise brachten Experimente mit Zellen Coronin-1-defizienter Mäuse. Coronin-1 reguliert bei Zellen des Immunsystems die Aufnahme von Kalzium. Kalzium kann verschiedene zelluläre Enzyme aktivieren, unter anderen auch die Phosphatase Calcineurin. Makrophagen der beiden Mausstämme, nämlich mit oder ohne Coronin-1 wurden mit Mykobakterien infiziert und nach der Aufnahme der Bakterien wurde die Aktivierung von Calcineurin bestimmt. Nur bei Makrophagen mit Coronin-1 hat die Infektion mit Mykobakterien eine Aktivierung des Calcineurins, und damit eine Schutzwirkung zur Folge. In Makrophagen ohne Coronin-1 fand keine Calcineurin-Aktivierung statt und damit ging auch der Abbauschutz verloren.

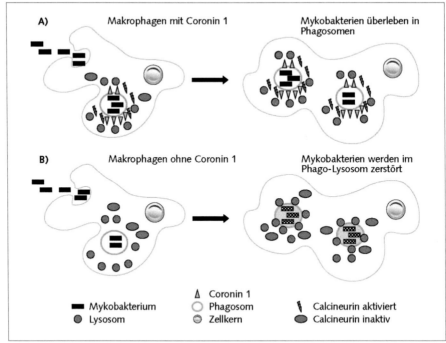

Abb. V. 4: Aufnahme von Mykobakterien durch Makrophagen (schematisch): A) Makrophage von Wildtyp-Mäusen: Mykobakterien werden durch normale Makrophagen über Phagosomen aufgenommen. In den Phagosomen können Mykobakterien über das Wirtsprotein Coronin-1 die Phosphatase Calcineurin aktivieren, wodurch die Verschmelzung mit Lysosomen und damit der Mykobakterienabbau verhindert wird. B) Makrophagen von transgenen Mäusen denen das Coronin-1 Gen fehlt: Phagosomen verschmelzen mit Lysosomen und in den Phago-Lysosomen wird der Erreger abgebaut. Da das Coronin-1-Protein nicht gebildet wird, kann Calcineurin nicht aktiviert werden und die Fusion zum Phago-Lysosom findet statt.

Ebenfalls unter der Gesamtleitung von Jean Pieters wurde ein zweiter Überlebensmechanismus des Mykobakteriums gefunden. *M. tuberculosis* hat einen weiteren Pfeil im Köcher, um sich der Zerstörung in Makrophagen zu entziehen: die Proteinkinase G, im Gegensatz zu Coronin-1 ein Protein, das vom Mykobakterium selbst produziert wird. Die Proteinkinase G besitzt die Fähigkeit, den molekularen «Schredder» der Lysosomen, also den Abbau der Bakterien zu blockieren. Proteinkinase G wird für die Vermehrung der Bakterien nicht benötigt, ist aber für das Überleben in Makrophagen unentbehrlich. Dadurch hat das Bakterium natürlich, was die Virulenz anbelangt, ein

weiteres Ass im Ärmel. Versuche bei denen die Proteinkinase G experimentell ausgeschaltet wurde, zeigten eine rasche Vernichtung der Mykobakterien durch Makrophagen. Damit ergibt die Proteinkinase G eine ideale Zielstruktur für eine neue Therapie. Da das Enzym vom Bakterium in die Makrophagen abgegeben wird, muss ein neues Therapeutikum die Bakterienzellwand nicht durchdringen. Mit dem relativ kleinen Molekül AX20017 aus der Klasse der Tetrahydrobenzothiophene kann die Proteinkinase G selektiv gehemmt werden. Kaum ist die mykobakterielle Proteinkinase G blockiert, wird das Bakterium durch die Lysosomen vernichtet. Allerdings war über den Bindungsmechanismus zwischen der Proteinkinase und dem Hemmer AX20017 nichts bekannt. Das Forschungsteam hatte es sich zur Aufgabe gemacht, durch eine Röntgenstrukturanalyse die dreidimensionale Struktur des Bindungskomplexes zwischen der Proteinkinase G und dem AX20017 aufzuschlüsseln. Dies ist gelungen, und besonders bemerkenswert ist die Erkenntnis, dass der Hemmer AX20017 u. a. an ganz spezifischen Aminosäurenseitenketten, die einmalig für *M. tuberculosis* sind, und im Menschen bisher bei keiner Kinase gefunden wurden, durch seine Bindung hemmend eingreift. Dies berechtigt zu Hoffnungen, aufgrund der neuen atomaren Daten einen ausgesprochen spezifischen Wirkstoff gegen das Mykobakterium entwickeln zu können.

Wenn man bedenkt, wie anpassungsfähig *M. tuberculosis* in Bezug auf Resistenzbildungen gegen Medikamente ist, so kann es gar nicht genug Forschungsansätze für die Entwicklung einer neuen Generation von Therapeutika gegen Tuberkulose geben. Ein internationales Forscherteam um Koen Andries von der Firma Johnson & Johnson scheint mit dem Wirkstoff Diarylchinolin R207910 in absehbarer Zeit ein neues Medikament auf den Markt bringen zu können. Die Versuche befinden sich bereits in der III. klinischen Test-Phase. Ein wichtiger Schritt bereits am Anfang der Experimente war, dass die Forscher ein Screeningverfahren an lebenden Mykobakterien benutzten, um wirksame chemische Substanzen zu finden. Damit war von Anfang an klar, dass, wenn eine Wirkung eintrat, zumindest die Permeabilität, also das Eindringen des Wirkstoffes in den Erreger, sichergestellt war. R207910 blockiert bei *M. tuberculosis* hochspezifisch das membrangebundene, essenzielle Enzym ATP-Synthase. Die ATP-Synthase ist quasi ein Energiewandler, der einerseits die Herstellung der Energiequelle der Zelle, das ATP (Adenosintriphosphat), fördert, andererseits ATP

spalten kann, aber auch als ATP-abhängige Protonenpumpe (Austausch von H⁺-Ionen) funktioniert. Diarylchinolin R207910 wirkt aber nicht nur bei dem normalen *M. tuberculosis*-Stamm, sondern – hocherfreulich – auch bei der MDR-Form des Tuberkuloseerregers. Da das Gesamtgenom von *M. tuberculosis* ja sequenziert war, konnten die Forscher resistente Mutanten des Erregers isolieren, und nach Sequenzierung auf der Genomkarte ablesen, welche Region des Enzyms genau verändert wird. Mutanten von *M. tuberculosis* und *M. smegmatis*, die natürlicherweise R207910-resistent waren, wurden mit der Genomkarte verglichen. Aus den gewonnen Daten ergab sich, dass spezifisch die C-Untereinheit der ATP-Synthase von Diarylchinolin R207910 blockiert wird. Die ATP-Synthase ist zwar in jedem Organismus vorhanden, auch im menschlichen, aber die C-Untereinheit des mykobakteriellen Enzyms ist offensichtlich derart spezifisch, dass R207910 tatsächlich nur auf Mykobakterien wirkt.

Die beschriebenen Ergebnisse aus der molekularen Forschung sind nur einige Beispiele aus der Fülle von Informationen, die in den letzten 10–15 Jahren über Tuberkulose angehäuft wurden. Es bleibt zu hoffen, dass durch die molekularen Erkenntnisse das geheimnisvolle Bakterium soweit entzaubert wird, dass eine nachhaltige Behandlungsform entwickelt werden kann.

Kapitel VI

Buruli Ulcer (Buruli-Ulkus)

VI.1 Geschichtlicher Hintergrund

Erst 1998 wurde die Tropenkrankheit Buruli Ulcer (BU) von der WHO durch die Initiative «Global Buruli Ulcer Initiative (GBUI)» sowohl der Öffentlichkeit als auch weiteren Wissenschaftskreisen als «emerging disease» und «neglected disease» verstärkt ins Bewusstsein gerufen. Anders als bei den bisher beschriebenen Tropenkrankheiten umgeben Buruli Ulcer noch viele Geheimnisse. Geschichtliche Daten sind rar. Vermutlich gelangten die ersten schriftlichen Zeugnisse dieser Erkrankung erstmals durch das Tagebuch des schottischen Afrikaforschers James August Grant nach Europa. 1864 beschrieb er eine Erkrankung, an der er litt, recht ausführlich, und den Symptomen nach handelte es sich sehr wahrscheinlich um Buruli Ulcer. Der englische Arzt Sir Alfred Cook beschrieb diese Krankheit 1897 bei einem Aufenthalt in Uganda sehr ausführlich, ohne dass die Wissenschaft davon besondere Kenntnis nahm. Der Erreger von Buruli Ulcer wurde 1948 identifiziert. Dies gelang Wissenschaftlern in Australien unter der Leitung von Peter MacCallum, der in dem südost-australischen Distrikt Bairnsdale sechs Patienten mit ähnlichem Krankheitsbild behandelte. Er beschrieb nicht nur die Symptome, sondern isolierte und identifizierte auch den Erreger: ein Mykobakterium. Der Name Buruli Ulcer entstand allerdings erst in den 60er Jahren nach einer großen Epidemie im Buruli-Gebiet von Uganda.

VI. 2   Epidemiologie

Der Erreger von Buruli Ulcer, das *Mycobacterium ulcerans*, ist weit verbreitet. Sehr wahrscheinlich sind Feuchtgebiete für das Überleben dieses Erregers wesentlich. Bisher wurde Buruli Ulcer in 32 Ländern gefunden, und leider muss festgestellt werden, dass Infektionsquellen überall vorkommen können, wenn die Umweltbedingungen stimmen (Abb. VI.1). In Afrika sind vor allem West- und Zentralafrika betroffen. In Asien sind es China, Malaysia und Japan und im amerikanischen Raum Peru, Mexiko, Französisch-Guyana und die Republik Suriname. Auch im westpazifischen Raum fühlt sich dieser Erreger wohl. Betroffen sind Papua-Neuguinea, Kiribati und Australien. In den westafrikanischen Gebieten scheint die Erkrankung zurzeit stark zuzunehmen, da sich dort eine besonders virulente Variante von *M. ulcerans* ausbreitet. Global sind keine definitiven Zahlen verfügbar. Eine wissenschaftliche Analyse in Ghana aus dem Jahr 2002 zeigt eine stark heterogene Verbreitung. Der landesübliche Durchschnitt betrug 20,7 Krankheitsfälle auf 100 000 Einwohner, umgerechnet rund 0,2%. In Gebieten, in

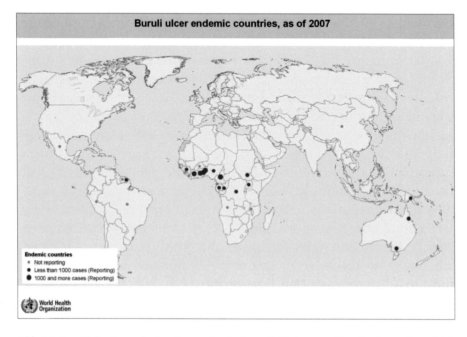

Abb. VI. 1:   Verbreitungskarte der endemischen Gebiete von Buruli ulcer. Copyright: WHO (http://gamapserver.who.int/mapLibrary).

denen die Seuche ursprünglich auftritt, liegt der Prozentsatz der Infizierten bei etwa 1,5 %. Diese Zahlen sind jedoch mit Vorsicht zu genießen, da die Erfassung nicht vollständig ist. Buruli Ulcer kann auch fast epidemieartig auftreten und dann in den betroffenen Regionen die Zahl der Krankheitsfälle von Lepra oder Tuberkulose übertreffen.

Da relativ wenig über die Verbreitungsmechanismen von *M. ulcerans* bekannt und auch der Zugang zu sicherer Labor-Diagnosetechnik nicht überall möglich ist, sind bei diesem Organismus die Erkenntnisse der molekularen Forschung besonders dringend und wichtig.

73

VI. 3 Symptome

Buruli Ulcer ist eine schreckliche Krankheit, die bislang nur mit großem Aufwand therapiert werden kann. Meist sind die Extremitäten, also Arme und Beine, betroffen, an denen sich Geschwüre bilden, die zunächst noch geschlossen sind und als Knoten in Erscheinung treten (Abb. VI. 2). *Mycobacterium ulcerans* produziert das Gift Myco-

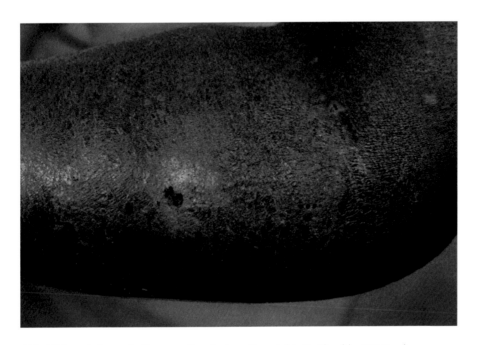

Abb. VI. 2: Anfangsstadium von Buruli ulcer. Copyright: G. Pluschke STI Basel.

lacton, das es im menschlichen Körper freisetzt, sobald es eingedrungen ist. Dies führt zu einer Zerstörung des Unterhautgewebes und zu einer Schwächung des Immunsystems. Die Geschwüre brechen auf, die umgebenden Körperteile werden von starken Schwellungen heimgesucht. Wird Buruli Ulcer nicht frühzeitig behandelt, frisst sich das Bakterium Schicht für Schicht durch das Gewebe, das dann nach den nötigen chirurgischen Eingriffen und/oder einer Antibiotikabehandlung großflächig vernarbt, was beträchtliche Bewegungsbehinderungen nach sich ziehen kann. In ganz schweren Fällen droht den Patienten eine Amputation (Abb. VI. 3)

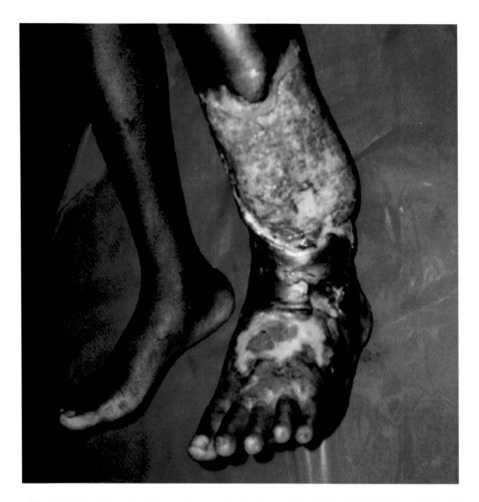

Abb. VI. 3: Das *Mycobacterium ulcerans* hat sein zerstörerisches Werk fortgesetzt und großflächige Geschwüre verursacht. Copyright: G. Pluschke, STI Basel

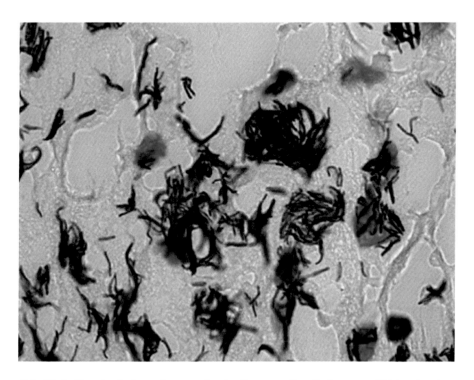

VI. 4   Verursacherorganismus

In Bezug auf die Geschichte der Infektionsbiologie liegt die Identifizierung und Beschreibung von *Mycobacterium ulcerans* noch nicht lange zurück. Dementsprechend ist Vieles noch unerforscht bei diesem Erreger. Die Gruppe von Wissenschaftlern, die sich der Erforschung dieses Bakteriums intensiv widmet, ist im Vergleich zu den Forschungskonsortien für z. B. Malaria relativ klein, aber nicht weniger engagiert. *M. ulcerans* ist, wie sein Verwandter *M. tuberculosis*, ein stäbchenförmiges, gram-positives Bakterium, das sich nur sehr langsam teilt – noch langsamer als *M. tuberculosis*, nämlich alle 50 Stunden – bei einer Optimaltemperatur von für Mikroorganismen niedrigen 33 °C. Dieser Umstand ist ein möglicher Angriffspunkt um das Bakterium an seiner Vermehrung zu hindern (Abb. VI. 4). Wie es den Menschen infiziert, liegt noch weitgehend im Dunkeln. Zum einen spekuliert man, dass es durch Hautverletzungen in das menschliche Gewebe gelangt; zum anderen

75

Abb. VI. 4: *Mycobacterium ulcerans*, der Auslöser von Buruli ulcer, angefärbt unter dem Lichtmikroskop. Copyright: D. Schütte, STI Basel.

vermutet man, dass es mit Hilfe eines Vektors, eines Helfershelfers, in das Hautgewebe eindringt, z. B. durch Bremsen, in denen bereits DNA von *M. ulcerans* nachgewiesen werden konnte, Moskitos oder durch einen Wasserkäfer, wie *Naucoris cimiodes*. Die Mehrheit der Wissenschaftler vermutet, dass es sich bei einer Infektion meist nicht um eine Übertragung von Mensch zu Mensch handelt, sondern dass andere Mechanismen verantwortlich sind. Hat sich das Bakterium einmal im Unterhautfettgewebe eingenistet, beginnt es seinen Überlebensfeldzug. Es umgibt sich mit einer «Wolke» des Toxins Mycolacton, das Gewebeschäden hervorruft und die einwandernden Abwehrzellen des menschlichen Immunsystems zerstört. Möglicherweise werden die ersten eingedrungenen Mykobakterien von Makrophagen aufgenommen. Die Makrophagen werden jedoch in der Folge durch das Mycolacton zerstört. Danach vermehrt sich *M. ulcerans* extrazellulär in dem nekrotischen, also zerstörten Gewebe (Abb. VI.5). Wie überaus anpassungsfähig *M. ulcerans* ist, sehen wir an seinem Überlebenselixier, dem Mycolacton. So weit verbreitet das Bakterium ist, so variabel sind auch seine Mycolactone: Mycolacton A/B kommt bei Bakterienstämmen in Afrika und Malaysia vor, Mycolacton C stammt aus australischen Stammisolaten und Mycolacton D findet man in Asien. Chemisch gesehen gehören Mycolactone zu den Polyketiden. Die Varianten entstehen durch unterschiedliche Fettsäureseitenketten, die Struktur des Kernmoleküls bleibt unverändert.

Eine weitere bemerkenswerte Eigenschaft von *M. ulcerans* ist, dass es immer nur knapp unter der Körperoberfläche bleibt und sich Schicht für Schicht durch das Gewebe frisst, bis es im schlimmsten Fall nach der Zerstörung von Unterhautgewebe und Muskeln auf den Knochen trifft, und dem Patienten eine Amputation droht. Warum bleibt es immer in der Nähe der Oberfläche? Die optimalen Lebens- und Teilungsbedingungen von *M. ulcerans* liegen bei 33 °C. Da der menschliche Körper in der Regel eine innere Körpertemperatur von 37 °C hat, findet man *M. ulcerans* dort, wo die Temperatur seinem Optimum am Nächsten kommt, knapp unter der Körperoberfläche.

Im Gegensatz zu anderen hier beschriebenen Krankheitserregern, bei denen die Molekularbiologie ein bereits bestehendes recht umfassendes Bild des Erregers im Detail vervollständigte, laufen bei *M. ulcerans* die klassischen Disziplinen der Tropenmedizin und die Molekularbiologie im Gleichschritt, um dem Bakterium vollends auf die Schliche zu kommen.

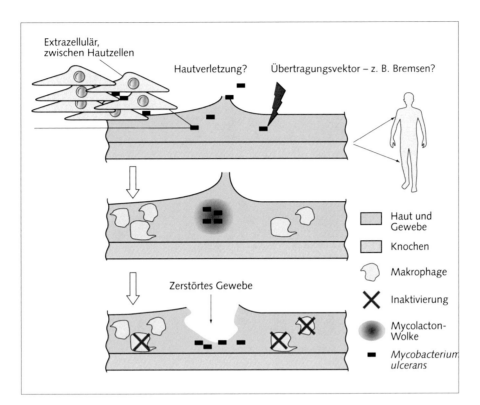

Extrazellulär, zwischen Hautzellen

Hautverletzung?   Übertragungsvektor – z. B. Bremsen?

Haut und Gewebe

Knochen

Makrophage

Inaktivierung

Mycolacton-Wolke

Mycobacterium ulcerans

Zerstörtes Gewebe

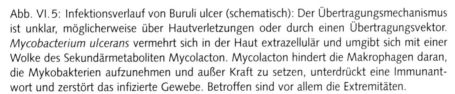

Abb. VI. 5: Infektionsverlauf von Buruli ulcer (schematisch): Der Übertragungsmechanismus ist unklar, möglicherweise über Hautverletzungen oder durch einen Übertragungsvektor. *Mycobacterium ulcerans* vermehrt sich in der Haut extrazellulär und umgibt sich mit einer Wolke des Sekundärmetaboliten Mycolacton. Mycolacton hindert die Makrophagen daran, die Mykobakterien aufzunehmen und außer Kraft zu setzen, unterdrückt eine Immunantwort und zerstört das infizierte Gewebe. Betroffen sind vor allem die Extremitäten.

VI. 5   Therapiemöglichkeiten

Wie bei fast allen Therapien sind auch hier die Erfolgsaussichten am besten, wenn die Therapie möglichst früh nach einer Infektion beginnt. Chirurgische Maßnahmen wie das Entfernen einer Läsion sind im Anfangsstadium recht erfolgreich. In späteren Stadien sind chirurgische Maßnahmen wie das Abtragen des nekrotischen Gewebes auch noch wirksam, es bleiben aber große Narben zurück. Die Gabe von Antibiotika, meist eine Kombination aus Rifampicin und Streptomycin, hat ohne zusätzliche chirurgische Maßnahmen nur

eine Heilungschance von 30–50%. Zieht man hierbei noch die genetische Wandlungsfähigkeit (z. B. durch Mutationen, horizontalen Gentransfer, Deletionen) von *M. ulcerans* in Betracht, ist zu befürchten, dass es zur Ausbildung von Resistenzen kommen wird.

Eine neue Form der Therapie, die aber in ihrer Entwicklung noch am Anfang steht, ist eine lokale Thermobehandlung der betroffenen Gewebe. Da *M. ulcerans* sein Temperaturoptimum bei 33 °C hat, kann die Erzeugung erhöhter Temperaturen an den infizierten Stellen zu einer Zerstörung des Erregers führen.

Eine praktikable Impfstrategie ist noch nicht in Sicht. Weil Buruli Ulcer mitunter ein ähnliches Erscheinungsbild wie die Lepra hat, werden die Symptome von den Betroffenen häufig versteckt, um nicht aus der Dorf- oder Stammesgemeinschaft ausgestoßen zu werden. Buruli Ulcer, eine wahrhaft «neglected disease», verdient alle Aufmerksamkeit der Wissenschaft und der Gesundheitsorganisationen.

VI.6   Molekularbiologische Forschungsansätze

Mycobacterium ulcerans ist ein erstaunliches Bakterium. Schon seine Genomgröße von etwa 5.8 Millionen Basenpaaren ist imposant. Das Gesamtgenom spaltet sich in zwei Teile auf: in das ringförmige große Chromosom mit 5,631 Millionen Basenpaaren, und das ebenfalls ringförmige Plasmid pMUM001 mit 0,174 Millionen Basenpaaren. Die DNA-Sequenz von *M. ulcerans* zeigt eine große Identität mit der eines anderen Mykobakteriums, dem *M. marinum*. *M. marinum* ist vor allem für Frösche und Fische gefährlich, bei denen es eine Tuberkuloseähnliche Erkrankung auslöst. Es ruft bisweilen auch beim Menschen Infektionen hervor, die aber wesentlich harmloser verlaufen als bei *M. ulcerans*. Hier findet sich ein weiterer Unterschied zwischen *M. marinum* und *M. ulcerans*: wie auch bei den anderen mykobakteriellen Erkrankungen (Tuberkulose, Lepra) wandert zwar der Erreger in Zellen des befallenen Organismus' ein, aber bei *M. ulcerans* ist dieses Stadium nur vorübergehend und der Erreger tötet sowohl Gewebezellen als auch Abwehrzellen des Immunsystems ab und vermehrt sich extrazellulär. Da auch die Sequenzierung von *M. marinum* durchgeführt ist, wurde durch den Vergleich sequenzierter Gene klar, dass *M. ulcerans* sich von *M. marinum* (6,6 Millionen Basenpaare) stammesgeschichtlich abgespalten hat. Wie aber hat sich nun aus dem für den

Menschen schwach pathogenen *M. marinum* das hoch pathogene *M. ulcerans* entwickelt? Eine detaillierte Betrachtung der Gensequenzen gibt Aufschluss.

Bei einer genaueren Analyse des Genoms von *M. ulcerans* mit demjenigen von *M. marinum* kann man den Eindruck gewinnen, dass es sich nach dem Prinzip entwickelt hat: «wirf Genomballast ab, der Dir in einer bestimmten Umgebung nichts bringt, und akquiriere neue Gensequenzen, die das Überleben sichern». So lassen sich die Sequenzdaten erklären, die auf der einen Seite eine Reduktion des Genoms vom Vorläufer *M. marinum* zeigen, zum anderen aber auch belegen, dass sich *M. ulcerans* bei den Genen der Bakteriophagen (bakterienspezifische Viren) und anderer Mikroorgansimen bedient, und solche in sich aufgenommen hat. Dies wird am Plasmid pMUM001 deutlich. Das Plasmid ist bei *M. ulcerans* vorhanden, nicht aber bei *M. marinum* und kodiert u.a. für die Gene des wichtigsten Virulenzfaktors, dem Mycolacton. Das Polyketid Mycolacton wird durch Polyketidsynthasen und Polyketid-modifizierende Enzyme zu einem zyklischen, organischen Molekül synthestisiert. Polyketid-modifiziernde Enzyme erlauben die Synthese von Mycolactonen mit unterschiedlichem Virulenzgrad und können so direkt zu Buruli Ulcer-Epidemien beitragen. Die Mycolactone haben die scheußliche Eigenschaft, die menschlichen Makrophagen abzutöten und auch noch das Immunsystem zu unterdrücken. Kürzlich konnte bei Mäusen zudem festgestellt werden, dass Mycolacton zu Gefäßschädigungen und zu Schädigungen des Nervengewebes führt. Dies hat zur Folge, dass ähnlich wie bei der Lepra, allerdings durch andere Mechanismen, das normale Schmerzempfinden reduziert wird. Aber die Mycolactone erfüllen ihr Werk nicht nur in Säugern. Auch in dem vermutlichen Zwischenwirt – einem Insekt – erlaubt es durch seine Zellgiftigkeit dem Bakterium von der Bauchhöhle des Insekts bis in die Speicheldrüse einzuwandern, wo es dann durch Biss oder Stich übertragen werden kann. Das Mycolacton gibt also *M. ulcerans* eine erhöhte Fitness, um ökologische Nischen – wie etwa die Speicheldrüse von Wasserinsekten – erfolgreich zu besiedeln und so den Menschen erfolgreicher zu infizieren.

Im Genom von *M. marinum* findet man 5426 für Proteine kodierende Sequenzen, bei *M. ulcerans* hingegen nur 4160. Das bedeutet eine Reduktion der Größe des Erbguts durch so genannte Deletionen um 1,064 Millionen Basen. Zudem liegen 771 Gene als Pseudogene vor. Der als «reduktive Evolution» interpretierte Prozess wird weiter

geführt, indem zwei Insertionssequenzen zusammen rund 300 Mal im Erbgut vorkommen und durch ihr Vorhandensein weitere Gene ausschalten können. Auch findet man DNA-Sequenzen von zwei Bakteriophagen an unterschiedlichen Stellen des Erbguts. Im Vergleich zu *M. marinum* sind bei *M. ulcerans* auch etliche DNA-Abschnitte verschoben worden. Dadurch kann die Transkription der betroffenen Gene u.a. abgeschwächt oder unterbunden werden. Verschiebungen wurden in Genen für die Zellwandbildung, den Kohlenstoff- und Aminosäurestoffwechsel gefunden und sind wahrscheinlich für die langsame Zellteilung von *M. ulcerans* verantwortlich. Die Zahl der so genannten PE/PPE-Gene, die für Proteine mit hohem Prolin- und Glutaminsäure-Gehalt kodieren, ist von 275 bei *M. marinum* auf 116 funktionelle Gene bei *M. ulcerans* reduziert. PE/PPE-Genprodukte sind unter anderem in der Zellwand von Bedeutung. Hier scheint sich *M. ulcerans* in einem Zwischenstadium der «reduktiven Evolution» zu befinden, denn das Mykobakterium mit der größten Genomreduktion, *M. leprae*, hat fast alle dieser Gene verloren. Weitere Genverluste betreffen Gene, die die Karotinoidsynthese unterstützen. Karotinoide schützen Mykobakterien vor Sonnenlicht. Offenbar ist *M. ulcerans* in seinem Lebenszyklus nicht direktem Sonnenlicht ausgesetzt. Polyketidsynthasen (PKS) sind für die Synthese von Mycolacton aber auch für fettartige Produkte der Zellwand notwendig. Gene, die für PKS kodieren, finden sich bei *M. marinum* und *M. ulcerans* auf dem bakteriellen Chromosom, während sich die Gene für die Mycolacton-Synthese bei *M. ulcerans* auf dem Plasmid befinden. Die chromosomalen PKS-Gene sind bei *M. ulcerans* im Vergleich mit *M. marinum* stark reduziert. Dies deutet darauf hin, dass *M. ulcerans* der Mycolacton-Produktion erhöhte Bedeutung zu kommen lässt. Wunderte man sich zu Beginn der Buruli ulcer-Forschung noch über die extrazelluläre und fast «oberflächliche» Natur der Infektion beim Menschen, so deutet der Verlust von Genen, und die Funktion derer Produkte auf einen evolutionären Schritt des Bakteriums hin. In Übereinstimmung mit seinem Lebensraum, den oberen Hautschichten, wurden diejenigen Gene, die ein Überleben auch in anaeroben Umständen gewährleisten, entweder durch Mutationen inaktiviert oder in funktionslose Pseudogene umgewandelt. Zudem sind Gene, deren Produkte die Sekretion von Proteinen durchführen, ebenfalls verloren gegangen. Solche Proteine sind bei *M. marinum* und *M. tuberculosis* für die Granulombildung, die Ausbreitung und Immunogenität wichtig. Der

Verlust dieser Gene unterstützt *M. ulcerans* möglicherweise in der extrazellulären Lebensweise.

M. ulcerans hat sich erst in jüngster Zeit zu einem für den Menschen gefährlichen Erreger entwickelt. Das zeigen die molekulargenetischen Analysen. Epidemiologie und die Art der Übertragung sind noch weitgehend unverstanden, dies vor allem, weil bisher keine typischen Erkennungsmerkmale für die einzelnen *M. ulcerans*-Isolate von Patienten aus bestimmten Regionen zur Verfügung standen. Mikroepidemiologische Studien waren in der Vergangenheit nicht möglich. Daten aus jüngster Zeit sind allerdings viel versprechend. Mit molekularbiologischen Methoden (DNA-Microarray-Hybridisation) ist es gelungen, mehrere Varianten des Bakteriums aus geographisch unterschiedlichen Gebieten eindeutig voneinander zu unterscheiden. Auf den Chromosomen der verschiedenen *M. ulcerans*-Isolate konnten Abschnitte identifiziert werden, die für die jeweiligen Isolate charakteristische Deletionen aufweisen. Teilweise und typisch für Isolate bestimmter Regionen wurden die durch Deletionen verlorenen Chromosomenabschnitte durch die oben erwähnten Insertionssequenzen ersetzt. Interessanterweise betreffen die Deletionen neben anderen auch Gene, die den Stoffwechsel für anaerobe Lebensweise begünstigen. Eine ausgedehnte Analyse der Daten aus den Versuchen mit der Mikroarray-Technik erlaubt die Unterscheidung von zwei stammesgeschichtlichen *M. ulcerans*-Linien: Einerseits die klassische Linie mit Isolaten aus Afrika, Australien, Malaysia und Papua-Neuguinea mit großer Ähnlichkeit zum vollständig sequenzierten afrikanischen Isolat aus Ghana, und andererseits die Isolate aus Asien, Südamerika und Mexiko, welche dem Vorläufer *M. marinum* näher stehen (Vorläufer-Linie). Die meisten Buruli Ulcer-Fälle werden durch Stämme der klassischen Linie verursacht. Die Reduktion bestimmter Gene aus dem Genom in der klassischen Linie hat offenbar diese Stämme mit einer höheren Infektionskraft und Pathogenität ausgestattet. Zu den Genen, die oft inaktiviert wurden, gehören die bereits oben beschriebenen PE/PPE-Gene, die für Zellwandbestandteile kodieren. Gene des ebenfalls bereits bekannten Sekretionssystems von *M. marinum* und *M. tuberculosis* sind vor allem beim klassischen Stamm verloren gegangen und beim Vorläuferstamm noch teilweise vorhanden. Genprodukte des Sekretionssystems sind hoch immunogen und ihr Verlust hilft *M. ulcerans* eine Immunantwort des Menschen abzuwenden. Gene, deren Verlust zu erhöhter Virulenz führt, werden auch als Anti-

Virulenz-Gene bezeichnet. Der Verlust dieser Anti-Virulenz-Gene scheint neben dem Erwerb der Gene für die Mycolactonsynthese der wichtigste Faktor zur Selektion von hochvirulenten *M. ulcerans*-Stämmen zu sein. Die vergleichende Analyse verschiedener Stämme des *M. ulcerans* aus diversen geographischen Räumen weist darauf hin, dass der Prozess zu einem optimalen Überleben in einer bestimmten ökologischen Nische und zu einem humanen Pathogen bei *M. ulcerans* noch nicht abgeschlossen ist. *M. ulcerans* wird sich vermutlich, ähnlich wie *M. leprae*, unter dem Selektionsdruck noch weiter optimieren – und damit sicher nicht ungefährlicher werden. Analytische Werkzeuge, um die diversen Stämme weiter zu untersuchen und Evolution quasi miterleben zu können, stehen nun zur Verfügung. Mögliche Ansätze für neue Therapien werden sich aus den molekularbiologischen Daten ableiten lassen. Als Beispiel können die Hemmung der Synthese und Sekretion von Mycolacton genannt werden.

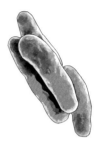

Kapitel VII

Lepra

VII.1 Geschichtlicher Hintergrund

«Behandelt werden wie ein Aussätziger» – nicht umsonst ist diese Redensart entstanden und hat sich bis heute im deutschen Sprachgebrauch gehalten. Wurde ein Mensch von der Lepra, oder dem Aussatz, befallen, so erlitt er nicht nur den Verlust seiner Gesundheit, sondern er wurde auch aus der menschlichen Gemeinschaft ausgestoßen. Im Alten Testament gibt es bei Leviticus, Kapitel 13, Vers 1–46, eine Beschreibung einer Krankheit und deren Behandlung, die auf Lepra zutreffen könnte. Laut WHO ist erwiesen, dass Lepra seit 600 v. Chr. in den alten Kulturen in Ägypten, China und Indien bekannt war. Der Schrecken der Lepra muss groß gewesen sein, denn fast überall wurden die Infizierten in Gettos gesperrt und durften nicht heiraten. Im Mittelalter wurden sie mit der Lazarus-Klapper versehen, die sie betätigen mussten, um Gesunde vor sich zu warnen. Sie waren im Prinzip lebendige Tote. Auch im antiken Rom zu Zeiten Ciceros war die Lepra recht verbreitet, später wanderte sie über Norditalien nach Mittel- und Nordeuropa ein. Ihre Verbreitung in Europa wird in manchen Quellen mit den Kreuzzügen in Verbindung gebracht, bewiesen ist dieser Zusammenhang allerdings nicht. Gegen Ende des 16. Jahrhunderts ging die Lepra in Europa merklich zurück. Wahrscheinlich haben hygienische Maßnahmen dazu beigetragen. In Europa hatte sich, bis zur Entdeckung der Antibiotika, die Lepra im Baltikum sowie in Norwegen recht beharrlich im Gegensatz zu den

anderen Ländern behauptet. Es ist daher kein Zufall, dass die Entdeckung des Lepra-Erregers, *Mycobacterium leprae*, 1873 durch den norwegischen Arzt E. H. A. Hansen erfolgte. (Es gibt auch Angaben für die Jahre 1869 und 1870, die Publikation aber, in der er seine Experimente und Ergebnisse bezüglich *M. leprae* beschrieb, erschien 1874). Er war übrigens der erste, der ein Bakterium als Erreger einer menschlichen Seuche identifizierte, Koch gelang dies mit der Identifizierung des Tuberkelbazillus erst im Jahr 1882. Bedauerlicherweise erhielt Hansen nie den Nobelpreis, aber im Andenken an seine wissenschaftlichen Leistungen wurde und wird Lepra auch «Hansen's disease» genannt.

Die erste wirksame Behandlung von Lepra gelang erst in den 40er Jahren des letzten Jahrhunderts durch den Einsatz von Antibiotika. Lepra ist heute rein zahlenmäßig keine Seuche mehr, die eine große Bedrohung für die Menschheit darstellt. Aber durch die unseligen Begleiterscheinungen der Ausstoßung und Ächtung hat sie einen permanenten Schrecken für alle diejenigen, die betroffen sind, auch wenn die heutige Medizin Heilung in Aussicht stellt. Ungeachtet der Zweifel an der Notwendigkeit von Lepra-Kolonien halten Länder wie Indien, Ägypten, Vietnam, Japan und Argentinien immer noch an diesen stigmatisierenden Maßnahmen fest (Abb. VII. 1).

Abb. VII. 1: Leprasiedlung im Jahre 1935 im heutigen Zaïre. Vor der Entdeckung und gezielten Entwicklung von Antibiotika war die Isolation der Leprakranken üblich. Copyright: J.B. Mazet, STI Basel.

VII.2 Epidemiologie

Ungefähr 2–3 Millionen Menschen, so schätzt die WHO, sind durch die Lepra dauerhaft verkrüppelt. Das Vorkommen der Lepra hat sich nach den Beobachtungen der letzten 10 Jahre geographisch verändert. In sozial und wirtschaftlich höher entwickelten Ländern ist die Seuche drastisch zurückgegangen. 91 Länder, meist in der tropischen bis subtropischen Zone, sind zurzeit von Lepra heimgesucht. Darunter gibt es so genannte «hot spots», das sind Länder, in denen die Lepra weit häufiger vorkommt. Auch in diesen Ländern lässt sich ein Krankheitsgefälle entsprechend der Lebensumstände feststellen, die sich besonders in hygienischen Verhältnissen, Zugang zu sauberem Wasser und ausreichender Ernährung widerspiegeln. Zu den am meisten betroffenen Ländern gehören Indien, Nepal, Brasilien, Madagaskar, Mozambique und Tanzania. Eine erfreuliche Nachricht ist, dass die Lepra seit 2003 in Afrika, Amerika, Südostasien und dem südöstlichen Mittelmeer kontinuierlich abgenommen hat. Im westpazifischen Raum hingegen, der nur einen kleinen Bruchteil aller Infektionen aufweist, ist eine Zunahme zu verzeichnen. Diese Daten liefern gewisse Anhaltspunkte über die Verbreitung der Lepra, aber die Dunkelziffer dürfte hoch sein, da viele Erkrankte aus Angst vor Stigmatisierung sich nicht trauen, zum Arzt zu gehen, oder gar keine Gelegenheit dazu haben. Die Angaben über das Ansteckungspotenzial von Lepra sind regional sehr unterschiedlich, da nicht zwangsläufig jeder Mensch, der mit *Mycobacterium leprae* in Kontakt kommt, auch erkrankt. Überregionale Inzidenzstudien zeigen eine Erkrankungsrate von 6,2 pro 1000 Einwohner und Jahr in Cebu auf den Philippinen, in bestimmten Regionen von Indien dagegen schnellt diese Rate auf 55,8 pro 1000 Einwohner und Jahr hoch. Auch wenn zurzeit die Neuerkrankungsrate rückläufig ist, so ist das noch kein Grund zur Euphorie. Bei Malaria und Tuberkulose wähnte man sich auch schon auf der Siegesstraße, bis es zu herben Rückschlägen kam. Daher ist es unerlässlich, die Forschungen weiter voranzutreiben, um diese Infektionskrankheit in Schach zuhalten.

VII.3 Symptome

Lepra wurde früher in sechs verschiedene Stadien eingeteilt. Da diese Übergänge aber fließend sind, und es zu zweideutigen Aussagen über

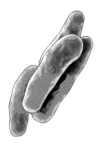

den Grad der Schwere bzw. der Bezeichnung kam, ist auf Betreiben der WHO eine sehr vereinfachte Nomenklatur gültig: es wird zwischen der paucibakteriellen (PB; wenige Bakterien in den Lepraläsionen) und der multibakteriellen (MB; viele Bakterien in den betroffenen Läsionen) Lepra unterschieden. Das Frühstadium der Lepra, die mitunter eine Inkubationszeit von 5–15 (!) Jahren aufweist, äußert sich in der Regel mit unregelmäßigen, leicht erhobenen Flecken auf der Haut, in denen die Sensibilität der Hautnerven leicht gestört ist. Bei hellhäutigen Menschen sind die Flecken gerötet und ähneln denen einer Neurodermitis (Ekzem). Bei dunkelhäutigen Menschen hingegen sind diese Flecken heller als die gesunde Haut (Abb. VII. 2). Dieses Stadium, noch PB-Lepra, kann längere Zeit in einer relativ harmlosen chronischen Phase verharren und später sogar ausheilen. Sind jedoch die Abwehrkräfte des Infizierten geschwächt, so kann die Lepra in die MB-Form übergehen, die dann zu der schwersten Form, der lepromatösen, führt. Hier wird der typische Befall, in der Regel der

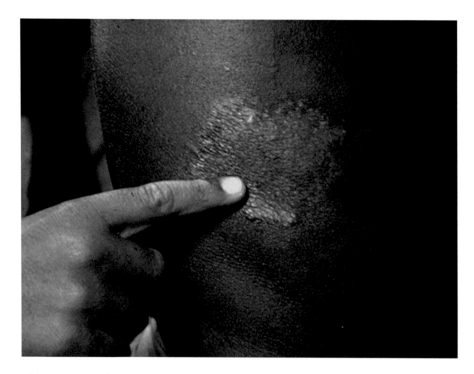

Abb. VII. 2:   Hautläsion zu Beginn einer Infektion durch das Leprabakterium. Copyright: P. und E. Pittet, STI Basel.

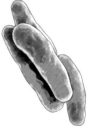

Haut sowie der Schleimhäute, deutlich sichtbar. Der Körper versucht den eindringenden Erreger abzukapseln und es entstehen, ähnlich wie bei der Lungentuberkulose, knotenartige Granulome (Abb. VII. 3). Die Mykobakterien wandern in die Makrophagen ein und gelangen dann zu den Schwann'schen Zellen in den peripheren Nerven. Das führt zum einen dazu, dass die Schwann'schen Zellen kein Myelin, eine Art Schutzschicht für die Nerven, mehr produzieren können, zum anderen attackiert das fehlgeleitete Immunsystem die körpereigenen Nervenzellen. Durch die Infektion der peripheren Nerven unter der Haut werden die Gliedmaßen gefühllos und verkrüppeln. Der Patient empfindet keinerlei Schmerz mehr bei einer Verletzung, nimmt kleine Verletzungen meist gar nicht wahr (Abb. VII. 4). Deswegen wird häufig keine Wundpflege betrieben, das Gewebe wird mit anderen Mikroben ständig weiterinfiziert und verfault schlussendlich. Im Gesicht verschmelzen die einzelnen Aussatzherde oft miteinander und entstellen den Patienten in schrecklicher Weise- dieses Phäno-

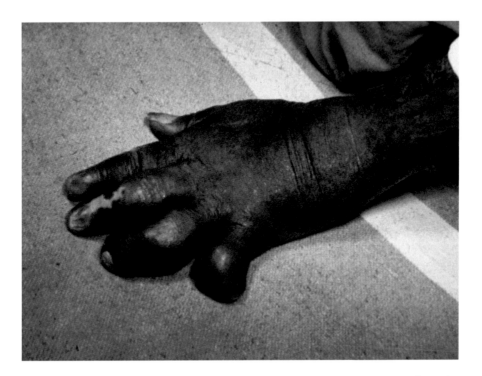

Abb. VII. 3: Fortgeschrittene Lepraerkrankung, die bereits zu einer Verstümmelung der Hand geführt hat. Copyright: P. Pittet, STI Basel.

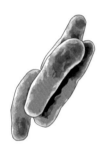

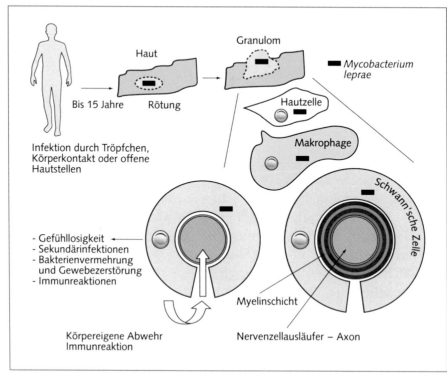

88

Abb. VII.4: Infektionsverlauf der Lepra (schematisch): In der Haut können die Lepra-Mykobakterien von Makrophagen aufgenommen werden und in andere Hautzellen sowie in Schwann'sche Zellen, die Ausläufer der Nervenzellen schützen, eindringen. Die Erreger werden durch eine Immunantwort in Granulomen abgekapselt. Eingedrunge Mykobakterien vermehren sich intrazellulär und können zelluläre Funktionen stören, so dass z.B. die Schwann'sche Zelle die schützende Myelinschicht nicht mehr ausbildet. Damit wird die Schmerzleitung beeinträchtigt und die Nervenenden werden frei für Attacken des Immunsystems. Gefühllosgikeit führt zu Sekundärinfektionen und Gewebezerstörungen.

men wird medizinisch als «Löwengesicht» (Facies leonina) bezeichnet. Im fortgeschrittenen Stadium werden die Schleimhäute der Nase durch den enormen Bakterienbefall fast aufgelöst und heftiges Nasenbluten ist die Folge. (Erstaunlicherweise regeneriert sich das Gewebe nach einer Therapie in bemerkenswerter Weise). Haben sich die Mykobakterien einmal im Körper in dieser Art festgesetzt, so vermehren sie sich ungehemmt und dringen über die Blutbahn in weiteres Nervengewebe und in die Organe ein. Sie schwächen den Patienten derart, dass dieser nicht primär durch den Bakterienbefall, sondern

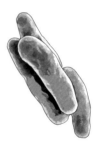

durch Sekundärinfektionen, die der Körper nicht mehr abwehren kann, stirbt.

VII. 4   Verursacherorganismus

Der Erreger der Lepra gehört zu der Familie der Mykobakterien, die wir bereits kennen gelernt haben. Das *Mycobacterium leprae* ist, wie seine Verwandten, ein stäbchenförmiges, gram-positives Bakterium, das aufgrund seiner fast wachsartigen Zellwand ziemlich alkohol- und säureresistent ist. Noch liegen etliche Details über diesen Organismus im Dunkeln, weil *M. leprae* unter für Bakterien gewöhnlichen Labor-bedingungen zu seinem Vorteil noch nicht *in vitro* gezüchtet werden kann und folglich konsequente Forschungen sehr erschwert sind. Das Bakterium bevorzugt zur Vermehrung eine ungewöhnlich tiefe Tem-peratur, nämlich 27–30 °C. Seine Verdopplungszeit ist recht lang: durchschnittlich benötigt es 12,5 Tage. Die einzige Aufzucht im Labor gelingt *in vivo* durch Injektion von *M. leprae* in Mauspfoten, aber die Ausbeute – rund eine Million Bakterien nach einer Injektion von 10 000 Zellen – ist bei einem Zeitraum von 5–6 Monaten eher dürftig. Eine weitere *in vivo*-Quelle für *M. leprae* ist das neungebänderte Gür-teltier (*Dasypus novemcinctus*), das bisher als der beste Lieferant für biochemisches und immunologisches Untersuchungsmaterial gilt, liefert es doch 10^{12} Bakterien pro Gramm Milz- oder Lebergewebe, nachdem es intravenös mit *M. leprae* infiziert wurde.

In Forscherkreisen wird immer noch über den Übertragungsme-chanismus von *M. leprae* spekuliert. Manche neigen zu der Ansicht, dass *M. leprae*, wenn es in Massen in den nässenden Aussatzstellen vorhanden ist, durch Körperkontakt und offene Hautstellen einen weiteren Menschen anstecken kann. Andere neigen zur Theorie der Tröpfcheninfektion, da nachgewiesen wurde, dass von einem Pati-enten bis zu 10 Millionen Mykobakterien pro Tag durch den Nasen-schleim ausgeschieden werden. Die Verfechter der Tröpfcheninfekti-on führen weiter ins Feld, dass *M. leprae* unter tropischen Bedingun-gen bis zu 9 Tage außerhalb des menschlichen Körpers überleben kann, und unter hygienisch mangelhaften Umständen, z. B. durch kontaminierte Kleidung, eventuell weitergegeben werden kann und so den Eintritt in den menschlichen Körper findet.

VII.5 Therapiemöglichkeiten

Die erste Antibiotikatherapie gegen die Lepra wurde in den 40er Jahren des 20. Jahrhunderts eingeführt. Es wurde damals das Antibiotikum Dapson eingesetzt, das zu den Sulfonen gehört. Eine Behandlung mit Dapson allein genügt aber nicht mehr, da es zum einen ein wenig effektives Antibiotikum ist, zum anderen *M. leprae* Resistenzen entwickelt hat. In den 60er und 70er Jahren wurden die Antibiotika Clofamizin (zu den Phenazinen gehörend) und Rifampicin, ein halb-synthetisches Derivat des natürlichen Antibiotikums Rifamycin, eingesetzt. Der indische Wissenschaftler Shantaram Yawalkar hat als Erster eine Kombinationstherapie mit diesen zwei Antibiotika vorgeschlagen, die 1981 von der WHO noch ausgeweitet wurde, indem sie eine Kombinationstherapie mit allen drei Medikamenten (MDT=Multi Drug Therapy) als Behandlungsstandard empfahl. Alle genannten Antibiotika sind relativ gut verträglich. Die Dreierkombination ist bisher ein Erfolg, denn durch die Kombination wird eine Resistenzbildung weitgehend verhindert, wie das bei einer Einzelverabreichung nicht der Fall sein würde. Die WHO schlägt für eine PB-Lepra einen Behandlungszeitraum von sechs Monaten, bei der MB-Lepra einen von 24 Monaten vor.

VII.6 Molekularbiologische Forschungsansätze

Mycobacterium leprae weist etliche Besonderheiten auf, die den Forschern lange Zeit Kopfzerbrechen bereiteten. Schon Hansen war nach seiner Entdeckung und Identifizierung des Leprabazillus 1873 enttäuscht, dass es nicht möglich war, das Bakterium *in vitro* zu kultivieren, um es eingehender studieren zu können. Bis heute ist die *in vitro* Kultivierung nicht gelungen. Des Weiteren war die ungewöhnlich lange Verdoppelungszeit von durchschnittlich 12,5 Tagen bis vor kurzem nur schwer erklärbar. Dies änderte sich, als man 2001 das Genom von *M. leprae* entschlüsselte und mit dem damals bereits vorliegenden Genom von *M. tuberculosis* verglich. Die DNA für die Sequenzierversuche wurde aus einem *M. leprae*-Stamm gewonnen, der, aus einem Läsionsgewebe eines indischen Patienten stammend, in das neungebänderte Gürteltier injiziert, und später aus dessen Leber isoliert wurde. Insgesamt weist das Genom von *M. leprae* nur rund 3,3 Millionen

Basenpaare (Bp) auf, *M. tuberculosis* verfügt über 4,4 Millionen. Bei *M. leprae* wurden 1605 proteinkodierende Basensequenzen und der außerordentlich hohe Anteil von 1115 Pseudogenen identifiziert. Im Vergleich dazu weisen *M. marinum* und *M. tuberculosis* lediglich 65 bzw. 17 Pseudogene auf (siehe Tabelle). Ähnlich wie bei dem Vergleich von *M. ulcerans* mit seinem «Urvater» *M. marinum*, zeigt sich eine nochmalige massive Genreduktion, vergleicht man die Genomgrößen von *M. tuberculosis* und *M. leprae*. Das massiv geschrumpfte Genom von *M. leprae* im Vergleich zu seinen stammesgeschichtlichen Verwandten *M. marinum* (~6,6 Mio. Bp), *M. ulcerans* (~5,6 Mio. Bp) und *M. tuberculosis* (~4,4 Mio Bp) zeigt, dass *M. leprae* durch die Genverluste sowie die Anreicherung von zufällig aufgetretenen Mutationen nur als ausgesprochener Nischenspezialist überleben konnte und kann. Dazu gehört, dass diesem Organismus nur noch intrazellulär ein Überleben gesichert ist, denn durch den massiven Genverlust sind Defizite im Metabolismus und lebenswichtigen Genfunktionen aufgetreten, die das Bakterium nur intrazellulär als Parasit ausgleichen kann.

Zu dem verlorenen Genmaterial zählen u. a. diejenigen Gene, die für die Produktion der Siderophoren kodieren, die wiederum für den Transport von Eisenionen in die Zelle sorgen. Aber auch Teile der Atmungskette sind bei *M. leprae* nicht mehr oder nur fragmentarisch vorhanden, wie auch Abbausysteme im zellulären Stoffwechsel. Hingegen sind bei *M. leprae* noch weitgehend alle Gene oder Gengruppen intakt, die für Genregulation, aufbauenden Stoffwechsel, Modifizierung der Fettsäuren, Zellwandsynthese und Transport von Stoffwechselprodukten eine Rolle spielen. Erstaunlich ist, dass der Eisenstoffwechsel, obwohl er durch den Verlust der Gene für die Siderophorenproduktion massiv gestört sein müsste, doch irgendwie stattfinden muss, da *M. leprae* für die noch benötigten Zellstoffwechselvorgänge offenbar über genügend Eisenionen verfügt. Die Mechanismen sind noch unklar.

Organismus	Genomgröße in Basenpaaren	Gesamtanzahl Gene	Proteinkodierende Sequenzen	Pseudogene
M. marinum	6 636 827	5491	5426	65
M. ulcerans	5 631 606	4931	4160	771
M. tuberculosis	4 411 532	3991	3974	17
M. leprae	3 268 203	2720	1605	1115

Die Erkenntnisse, die man aus den molekularen Genom- und Proteomdaten von *M. leprae* gewinnen konnte, sollen helfen, endlich Wachstumsbedingungen zu definieren, die eine Möglichkeit bieten, *M. leprae* ohne Probleme *in vitro* in größeren Mengen zu kultivieren, um z. B. die Proteinsynthese in verschiedenen Stadien untersuchen zu können. Damit könnte ein Grundstein für die Entdeckung eventueller Virulenzproteine gelegt werden. Ein weiterer wichtiger Schritt wäre die intensive Analyse der sekretorischen Proteine, welche für das Überleben des Bakteriums in der Wirtszelle von Bedeutung sind und die über den so genannten Sec-abhängigen Protein-Export-Weg ausgeschieden werden. Die Sec-Proteine, wie zum Beispiel der Energielieferant SecA, ein für die Proteintranslokation wichtiges Membranprotein, sind sehr bedeutend für den transmembranen Transport, nicht nur in Mykobakterien, sondern generell in Bakterien. Die am Proteintransport beteiligten Proteine scheinen in höchstem Maße konserviert zu sein, was darauf schließen lässt, dass diese für den Bakterienhaushalt essenziell sind. Diese hochkonservierten Proteine könnten ein Ansatzpunkt als Zielstruktur für eine neue Medikamentenentwicklung oder sogar für eine Impfstoffstrategie sein.

Vergleicht man die Daten der Genomsequenzierungen von *M. marinum, M. ulcerans, M. tuberculosis* und *M. leprae*, so kann man feststellen, dass immer wieder einschneidende Veränderungen der Genome, sei es durch chromosomale Neuverknüpfung, Bildung von «inaktiven» Pseudogenen, Insertionssequenzen, Akquirierung neuer Gene durch horizontalen Gentransfer und Reduktion des Genoms stattgefunden haben. Einzelnen Erregern ist es dadurch gelungen, neue Nischen zu besetzten und neue Krankheiten hervorzurufen.

Kapitel VIII

Dengue-Fieber und Dengue hämorrhagisches Fieber

VIII. 1 Geschichtlicher Hintergrund

Das Dengue-Virus (DV) ist der Erreger des Dengue-Fiebers (DF) und gehört zu den Flaviviren, denen u. a. auch das Gelbfieber-Virus sowie das West-Nile-Virus angehören, und die von Insekten übertragen werden.

Die Herkunft des Namens «Dengue» wird verschiedenen Quellen zugeschrieben. Zum einen soll es sich aus dem Spanischen ableiten, zum anderen wird es von dem Suaheli-Begriff «Ka-ding pepo» abgeleitet. Eine dritte Theorie besagt, dass das Wort aus dem malaiischen Raum stammt. Der Begriff Dengue-Fieber hat noch viele andere Namen, so findet man z. B. in *Meyers Konversationslexikon* von 1908 die Bezeichnungen: Dandyfieber, Dengelfieber und Daggaeï'sches Fieber, auch Knochenbrecherfieber, Polka-Fieber und Sieben-Tage-Fieber. Krankheiten mit ähnlichen Symptomen wurden bereits von den Chinesen in der Chin-Dynastie (420–265 v. Chr.) beschrieben und in der Chinesischen Enzyklopädie schriftlich festgehalten. Die Chinesen nannten die beschriebene Infektion «Wasserkrankheit», und bereits damals wurden Insekten, die das Wasser zum Überleben und zur Fortpflanzung benötigen, mit ihr in Verbindung gebracht. In der westlichen Welt wurde die Krankheit erst 1789 wissenschaftlich so detailliert beschrieben, dass es sich hier zweifelsfrei um das Dengue-Fieber handelte. Der in Pennsylvania, USA, praktizierende britisch-amerikanische Arzt Benjamin Rush beschrieb das Dengue-Fieber ausführlich und nannte es «breakbone fever» aufgrund der starken Muskel- und Knochenschmerzen, die bei der Infektion mit dem DV typischerweise auftreten. Neben dem Menschen, der als Hauptwirt gilt, sind Dengue-Infektionen bei Affen festgestellt worden.

VIII.2 Epidemiologie

Das Dengue-Virus benötigt, ähnlich wie *Plasmodium* bei der Malaria oder *Trypanosoma brucei* bei der Schlafkrankheit, einen Vektor, also einen Transporteur, der es in seinen hauptsächlichen Wirt, den Menschen, überträgt. Im Fall des Dengue-Virus sind es zwei Stechmückenarten, die dafür sorgen, dass das Virus zu seinem Zielorganismus gelangt. In den meisten Fällen ist dies die Gelbfiebermücke *Aedes aegypti*, in selteneren Fällen die afrikanische Tigermücke *A. albopictus*. Das Vorkommen des DV ist unabdingbar mit dem Vorkommen der Aedes-Mücken verbunden. Die WHO schätzt, dass es zwischen 50–100 Millionen Erkrankungen pro Jahr mit dem Dengue-Fieber und etwa 250000 bis 500000 mit dem Dengue-hämorrhagischen Fieber (DHF) gibt. Der Todeszoll, den DHF fordert, liegt bei ungefähr 24000 Toten pro Jahr. Das Auftreten von DF ist eine epidemisch verlaufende Infektion, deren Verbreitung sich auf dem Globus stetig ändert. Trat DF z.B. in den 30er Jahren des letzten Jahrhunderts vornehmlich an den Ostküsten beider amerikanischer Kontinente auf, so waren die Kontinente in den 70er Jahren mit Ausnahme Floridas, der karibischen Inseln und Venezuelas praktisch Dengue-frei. 1998 aber war alles wieder wie in den 30er Jahren. Auch weltweit scheint das DV und mit ihm auch *Aedes* wie ein Irrlicht an verschiedenen Orten aufzutauchen und wieder zu verschwinden. Um 1780 herum war eine fast simultane Epidemie in Asien, Afrika und Nordamerika zu verzeichnen, in den 50er Jahren des letzten Jahrhunderts grassierte eine Pandemie in Südostasien. DF-Epidemien traten seit den 80er Jahren des 20. Jahrhunderts in immer kürzeren Abständen auf, vor allem im Südost-Asiatischen Raum. Zurzeit erstreckt sich der Dengue-Gürtel über alle tropischen und subtropischen Gebiete der beiden Amerikas, Afrikas, Südostasiens und des pazifischen Raums mit Neu-

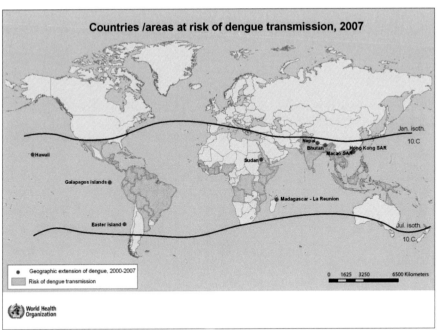

Abb. VIII. 1: Risikogebiete für eine Übertragung des Dengue-Virus'. Copyright: WHO (http://gamapserver.who.int/mapLibrary/).

guinea und des Nordostens von Australien (Abb. VIII. 1). Die letzte Dengue-Epidemie wurde im März 2008 aus Brasilien gemeldet. Bis zum 30. April waren 55 000 Menschen davon betroffen. Die Epidemien können aber nur dann entstehen, wenn sich die Überträgermücken *A. aegypti* oder *A. albopictus* in diesen Gebieten ausgebreitet haben (Abb. VIII. 2). Diese Mückenart fühlt sich nur wohl, wenn langsam fließendes oder stehendes Gewässer in unmittelbarer Nähe vorkommt. Es ist daher nicht verwunderlich, wenn sich die Mücke in Slums wohl fühlt, in denen das Wasser für den täglichen Gebrauch oft nicht aus der Leitung fließt, sondern in Plastikkübeln geholt und abgestellt wird. Selbst kleine Pfützen genügen der Mücke als Brutstätten (Abb. VIII. 3).

Durch den florierenden Massentourismus wird das DF auch in Mitteleuropa eingeschleppt. In den letzten Jahren waren durchschnittlich 2000 infizierte Urlauber pro Jahr zu vermelden. Zudem wurde auch die afrikanische Tigermücke bereits in den Breiten Mitteleuropas festgestellt, womit feststeht, dass die Infektion nicht nur in Feurienge-

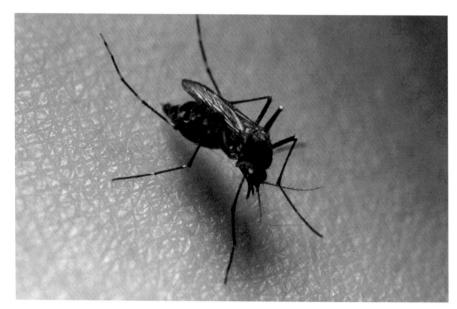

Abb. VIII. 2: Der Vektor des Dengue-Virus', die Aedes-Mücke, beim Saugen ihrer menschlichen Blutmahlzeit. Copyright: Stammers, WHO/TDR (http://www.who.int/tdr/publications/tdr-image-library).

Abb. VIII. 3: Selbst kleinste Wasseransammlungen, wie hier in den alten Reifen, genügen der Aedes-Mücke zum brüten. Copyright: Nathan, WHO/TDR (http://www.who.int/tdr/publications/tdr-image-library).

bieten entstehen kann. Wenn die Mückenart sich in Mitteleuropa einnistet, kann dieses zu einem endemischen Gebiet werden. Allerdings ist bis heute das epidemische Auftreten und Verschwinden der Mücke mit ihrem unangenehmen Passagier Dengue-Virus nicht vollständig verstanden.

VIII. 3 Symptome

Die klinischen Symptome von DF sind in der Regel altersabhängig. Besonders stark sind die Symptome bei Kindern und älteren Menschen. Zu Beginn, nach einer etwa 14-tägigen Inkubationszeit, sind es fast die gleichen wie bei einer Grippe: hohes Fieber (bis zu 41 °C), Schüttelfrost, starke Kopf- und Gelenkschmerzen, Hautausschlag (Exanthem) und eine extrem niedrige Pulsfrequenz. Nach etwa 5 Tagen lässt das Fieber nach, um dann wieder anzusteigen, der Hautausschlag verstärkt sich, sieht dem der Masern ähnlich und es folgt eine Lymphknotenschwellung. Nach weiteren 5 bis 6 Tagen setzt die Erholungsphase ein, die je nach Konstitution des Patienten mehrere Wochen andauern kann. Bleibt es bei einer einmaligen Infektion, so kann ein Körper mit intaktem Immunsystem diese Infektion vollständig überwinden. Das DV tritt aber nicht nur in einer Variation auf, bisher sind vier verschiedene Serotypen dieses Virus' beschrieben. Dramatisch wird es, wenn das DHF auftritt. Als wahrscheinlichste Ursache wird heute angenommen, dass ein Körper, der bereits eine DV-Infektion durchgemacht hat, von einem anderen Serotypen des Virus' befallen wird. Hier kommt es aufgrund der bereits existierenden Antikörper gegen z. B. Serotyp 1 bei einer Infektion mit Serotyp 2 zu einer Überreaktion des Immunsystems. In der Folge dieser Überreaktion wird die Durchlässigkeit der Gefäßwände erhöht (Abb. VIII. 4) und es treten unkontrollierbare innere Blutungen auf, der Blutkreislauf kollabiert und es zeigen sich Anzeichen eines Schocksyndroms wie Herzrasen, kalter Schweiß, niedriger Blutdruck. Kann mit einer Therapie rechtzeitig begonnen werden, so besteht eine gute Chance auf ein Überleben. In Regionen mit schlechter medizinischer Versorgung und logistischen Problemen beträgt die Sterblichkeitsrate bis zu 30%.

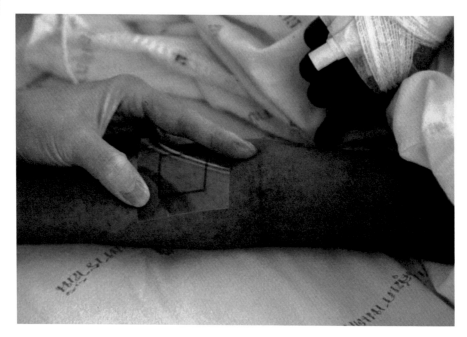

Abb. VIII.4: Messung der Anzahl von so genannten Petechien bei einem erkrankten Kind. Petechien sind kleinste, punktförmige Kapillarblutungen in Haut oder Schleimhäuten, die bei einer Infektion mit dem Dengue-Virus entstehen. Copyright: Crump, WHO/TDR (http://www.who.int/tdr/publications/tdr-image-library).

VIII.4 Verursacherorganismus

Das DV gehört zu der Familie der Flaviviren, deren Bezeichnung von dem Gelbfieber-Virus (flavus, lat.: gelb) abgeleitet ist. Das Genom ist in einem ikosaedrischen Kapsid verpackt, das wiederum von einer Proteinhülle umgeben wird. Mit einem Durchmesser von 40–50 nm gelten die Flaviviren als kleine Viren. Die Flaviviren sind RNA-Viren, was bedeutet, dass ihr Genom nicht aus DNA (Desoxyribonukleinsäure, DNS; engl.: DNA), sondern aus RNA (Ribonukleinsäure, RNS; engl.: RNA) besteht. Diese liegt im Virus einzelsträngig vor, und zwar als so genannter Positiv-Strang. Die Genome der Flaviviren betragen in der Regel zwischen 10 000 und 12 000 Basenpaare. Das Genom der vier Serotypen des DV umfasst im Mittel 10 700 Basenpaare. Das DV schützt sein Genom zuerst mit einer Kapsidhülle, die, wie so viele Virenkapside, ein biomechanisches Wunder ist. In räumlicher Perfek-

tion umgibt diese Proteinstruktur in Form eines Ikosaeders das Virus wie ein innerer Mantel. Die äußere Virushülle besteht aus einer Lipid-Doppelmembran mit eingelagerten Proteinen. Die Virushülle ist für jedes Virus von großer Bedeutung, denn sie regelt sozusagen als Tür-öffner den Eintritt des Parasiten in die Wirtszelle beim Menschen. Nach der heute gängigen Lehrmeinung heftet sich das Virus über einen Rezeptor an die menschliche Zelle an, in die es dann durch Endozytose eingeschleust wird. Man kann sich das bildlich so vorstellen, dass wie durch ein «Sesam-öffne-dich», iniziiert durch Rezeptoren, die Zellwand für das Virus passierbar wird. In der Zelle entledigt sich das Virus seiner Hüllen, seine RNA ist nun bereit, um von der Zellmaschinerie der menschlichen Zelle vervielfältigt und zu viralen Proteinen umgesetzt zu werden, so dass tausende von neuen Dengue-Viren produziert werden, die, nachdem das Genom in Kapsid und Hülle verpackt worden ist, die Zelle verlassen und ausschwärmen, um neue Zellen zu befallen.

VIII. 5 Therapiemöglichkeiten

Es gibt bei dieser viralen Infektion keine Therapiemöglichkeit außer einer Symptombekämpfung wie bei einer Virusgrippe: Schmerzmittel und fiebersenkende Medikamente. Leider ist kein Impfstoff, wie er zum Beispiel gegen das Gelbfieber vorliegt, in Sicht. Die Entwicklung eines wirksamen Impfstoffes wird dadurch erschwert, dass vier Serotypen des Virus' existieren, und demzufolge ein Impfstoff entwickelt werden müsste, der gegen alle vier Serotypen gleich wirksam ist. Wenn ein Impfstoff nur gegen einen der Serotypen wirksam wäre, die Infektion aber mit einem anderen Serotypen erfolgt, dann kann der Betroffene an dem DHF erkranken.

VIII. 6 Molekularbiologische Forschungsansätze

Wie oben beschrieben, ist das DV ein RNA-Virus. Sein Genom setzt sich nicht aus DNA zusammen, sondern aus RNA. Liegt die RNA, wie bei dem DV, als Positiv-Strang vor, so bedeutet das, dass dieser von dem Enzym RNA-dependent Polymerase (auch Replikase genannt) direkt in einen Negativ-RNA-Strang umgesetzt wird, welcher als Vorlage für einen neuen Positiv-RNA-Strang dienen kann. Hat sich das DV nach dem Einschleusen in die Zelle seiner Hüllen entledigt, so wird sein RNA-Genom zunächst translatiert. Unter Translation versteht man die Umsetzung von RNA in Protein. In der menschlichen Zelle besteht das Genom aus DNA, die zunächst durch Transkription in mRNA überschrieben wird. Diese wird dann in Proteine übersetzt. Das DV-Genom wird zuerst komplett in ein Poly-Protein übersetzt. Dieses Poly-Protein wird dann gemäß den einzelnen Genen in verschiedene Einzelproteine prozessiert. Das definierte Auseinanderschneiden des Poly-Proteins zu seinen Endprodukten erfolgt zum Teil durch Wirtsenzyme, zum Teil durch viruseigene Enzyme. Nun sind alle Virusbestandteile sowie die viruseigene Replikase vorhanden und DV kann ungestört seine Infektionstätigkeit aufnehmen, indem es seine RNA rasant vermehrt, was wiederum zu einer fulminanten Bildung der viralen Proteine führt. Die Proteine setzen sich um die RNA herum zu einem noch unreifen Partikel, dem Virion, zusammen. In einem Zellorganell, dem Golgi-Apparat, reifen die Virionen – zehntausende innerhalb von wenigen Stunden – zu fertigen DV heran und werden von der Zelle nach außen sekretiert. In der Regel stirbt die Wirtszelle bei diesem Infektions- und Vermehrungsvorgang nicht ab. DV hat als perfekter Parasit kein Interesse daran, dass die Quelle versiegt.

Insgesamt verfügt DV über drei Gene für Strukturproteine (C, prM und E für den Aufbau von Kapsid, Membranproteinvorläufer bzw. Hüllprotein) sowie über sieben Gene, die für nicht-strukturelle Proteine kodieren (NS1, NS2A, NS2B, NS3, NS4A, NS4B und NS5) (Abb. VIII.5). Bei den Strukturproteinen ist besonders das E-Protein (Hülle, engl.: envelope) zu erwähnen. Aus vielen Molekülen dieses Proteins ist die kugelförmige Außenhülle zusammengesetzt, sie umgibt mit einem Durchmesser von etwa 50 nm das virale Genom und das Kapsid. Das E-Protein, ein Glykoprotein, ist aber nicht nur ein schützendes Hüllprotein. Es unterstützt außerdem die Anheftung des DV an die Wirtszelle und die Verschmelzung des Virus' mit der Zellmembran bei der Endozytose, durch die das Virus in die Zelle gelangt. Außerdem ist es ein gutes Ziel für die Antikörper des menschlichen Immunsystems und daher als potenzieller Impfstoffkandidat interessant.

Bei den nicht-strukturellen Proteinen ist nicht alles so eindeutig geklärt wie bei den drei Strukturproteinen. Für das Glykoprotein NS1

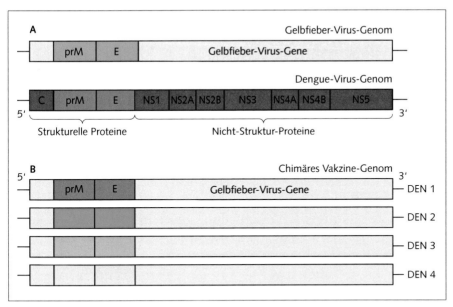

Abb. VIII. 5: Dengue-Virus-Genom und chimäres Genom eines zur Vakzinierung verwendeten Virus.
A) Oben: Gelbfieber-Virus-Genom; ein abgeschwächtes Virus, 17D, wurde als Vakzin eingesetzt und hat Gelbfieber stark zurückgebunden. Unten: Positiver Strang des Dengue-Virus, welches wie das Gelbfieber-Virus zu den Flaviviridae gehört. Die Gene kodieren für folgende Proteine: C: Capsidprotein umgibt den positiven RNA-Strang, das Genom; prM: Vorstufe des Membranproteins welches in die das Capsid umgebende Lipidmembran integriert ist; E: Envelope, Glykoprotein der äussern Hülle, vermittelt Andocken und Fusion mit Wirtszelle; NS1, Non-structural protein 1, Protein für Replikation and Pathogenität; NS2A, Protein welches antivirale Effekte von Interferon antagonisiert; NS2B, Protein, welches NS3 unterstützt; NS3: Protein mit Protease-Wirkung, Helikase-Funktion und RNA-Triphosphatase-Funktion; NS4A und NS4B: Proteine welche die antivitralen Effekte von Interferon neutralisieren; NS5: RNA-abhängige RNA-Polymerase, Methyl- und Guanyl-Tranferase-Aktivität.
B) Chimäres Virus als Vakzine: blau die Hüllproteine von Dengue und rot die Gene des abgeschwächten Gelbfieber-Virus. DEN1-4, Dengue-Virus-Serotypen 1 bis 4.

wird angenommen, dass es eine vitale Rolle in der RNA-Replikation des Virus' einnimmt und eventuell mit der Pathogenität des DV zusammenhängt. Die kleinen Proteine NS2A, NS4A sowie NS4B sind bisher wenig charakterisiert. NS2B und NS3 formen einen Komplex, der zum einen als spezifische Protease, nämlich als Serinprotease, agiert, zum anderen aber auch die Funktionen einer Helikase oder RNA-Triphosphatase ausüben kann. Hoch interessant wird es bei NS5.

Dies ist das Gen für die viruseigene RNA-dependent RNA-Polymerase (RdRp), also das Enzym, das die viruseigene RNA vervielfältigt. Oben wurde erwähnt, dass zuerst eine Translation der viralen RNA in der Wirtszelle stattfindet, bei der die RdRp gebildet wird, erst danach kann die Vermehrung des DV stattfinden. Aber, so fragt man sich, wie unterscheidet die RdRp die virale RNA von der RNA der Wirtszelle, die ja ebenfalls vorhanden ist? Wie kann die virale RNA die überlebenswichtige Vorzugsbehandlung bekommen? Diese Frage hat die Wissenschaftler lange Zeit beschäftigt, ohne dass man den tatsächlichen Mechanismus erkennen konnte. Da eukaryonte mRNA und virale RNA chemisch identisch aufgebaut sind, mutmaßten die Forscher, dass es eine strukturelle Unterscheidung geben müsse, die es der RdRp ermöglicht, spezifisch virale RNA zu synthetisieren. In der Tat fanden Wissenschaftler um Andrea Gamarnik von der Leloir Institute Foundation in Buenos Aires etwas heraus, das elektrisierend auf alle Wissenschaftler wirkte, die sich mit der Familie der Flaviviren beschäftigen. Das RNA-Genom des DV, das im Virus linear vorliegt, besitzt an seinen jeweiligen Enden kurze RNA-Sequenzen, die als Zyklisierungssequenzen (Cyclization sequences, CS) fungieren: Diese ermöglichen es, dass sich die virale RNA vor der RNA-Replikation zu einem Ring verbindet. Diese Struktur ist maßgebend für die Erkennung der viralen RNA durch die virale RdRp – somit leistet die RdRp nur an dem für das Virus bedeutenden RNA-Strang ihre Synthesearbeit. Dies könnte die lang ersehnte Schwachstelle in dem Lebenszyklus des DV darstellen, die nun ausgenutzt werden könnte, indem die CS wirkungsvoll blockiert werden. um so die massenhafte Vermehrung des Virus zu stoppen. Dass die CS-Struktur wesentlich für die RNA-Synthese ist, zeigten die Forscher an *in vitro*-Experimenten. Sowohl bei Moskito-Zellen in Kultur als auch bei BHK-Zellen (Baby Hamster Kidney Cells) wurden Versuche mit mutierter DV-RNA durchgeführt. Waren die CS in ihrer Basenabfolge so verändert, dass die Ringbildung weitgehend verhindert wurde, so war es für das Virus unmöglich, seine RNA von der eigenen RdRp vermehren zu lassen. In seltenen Fällen und mit großer Verzögerung konnten infektiöse Viren trotzdem noch isoliert werden. Die Virusisolate zeigten, dass der Erreger leider so zurückmutiert war, dass er wieder die ursprünglichen Basensequenzen aufwies. Dieser Vorgang wird dadurch ermöglicht, dass die RdRp nicht die Eigenschaften einer DNA-Polymerase besitzt, die ein «Korrekturlesen» (Proof reading) während der Synthese durchführen

kann. So entstehen bei der RNA-Replikation wesentlich mehr Fehlein-
setzungen (1: 10000) von Basen als bei einer DNA-Replikation (1:1
Million). Dies bedeutet, dass die vorher eingefügten Mutationen
durch die hohe Fehlerquote wiederum so weitermutiert werden, dass
wieder passende CS entstehen können. Waren auf diesem Weg durch
Einfügen der passenden Basensequenzen die CS wieder hergestellt, so
konnte sich das Virus wieder problemlos vermehren.

Gelten die Erkenntnisse über die Molekularbiologie des DV als
Hoffnungsschimmer, endlich einen effizienten Wirkstoff gegen das
DV zu finden, so sind die Forschungen in Bezug auf einen Impfstoff
gegen das DV ebenfalls in vollem Gange. Die Ansprüche an einen
idealen Impfstoffkandidaten sind recht hoch: Immunisierend gegen
alle vier Serotypen des DV, sicher in der Anwendbarkeit, lang anhaltender Impfschutz und möglichst geringe Kosten. Ein Kandidat, der
tetravalent ist, also gegen alle vier Serotypen wirksam, ist in klinischer
Prüfung. Als Vakzine wurden zum Beispiel chimäre Viren hergestellt,
wobei im Gelbfieber Vakzinevirus (Impfstamm YF17D) die Dengue-
Gene prM (premembrane, Membranvorstufe) und E (envelope, Hülle)
eingesetzt wurden. Vier verschiedene Chimären, für jeden Dengue-
Serotyp ein bestimmtes Virus, wurden dann als tetravalente Mischung
zur Vakzinierung verabreicht. In einer Phase II-Studie konnten spezifische Antikörper gegen alle vier Serotypen in den geimpften Personen festgestellt werden (Abb. VIII. 5, Abb. VIII. 6).

Nachdem wir das DV näher angeschaut haben, sollten wir nicht
vergessen, auch den Vektor, die Aedes-Mücke, vom molekularbiologischen Standpunkt aus unter die Lupe zu nehmen. Im Jahr 2007 wurde
das Genom der Aedes-Mücke sequenziert, die sowohl das DV wie
auch das Gelbfieber-Virus auf den Menschen überträgt. Im Vergleich
sowohl mit der Anophelesmücke wie auch der Fruchtfliege *Drosophila*
erscheint die Aedes-Mücke von der Genomgröße her als monströs:
1,38 Milliarden Basenpaare umfasst das Genom und ist damit rund
fünfmal so umfangreich wie das der Anophelesmücke und etwa
12-mal so groß wie das von *Drosophila*. Allerdings relativiert sich die
Genomgröße dadurch, dass fast 50% des Genoms der Aedes-Mücke
als «transposable elements» (springende Elemente) vorliegen, und die
Anzahl der proteinkodierenden Gene mit 15 419 nicht wesentlich
höher liegt als bei der Anophelesmücke (13 111) oder *Drosophila*
(13 718). Auffallend ist, dass bei den drei Insekten ein beträchtlicher
Teil der Gene konserviert ist, wobei diese Konservierung zwischen

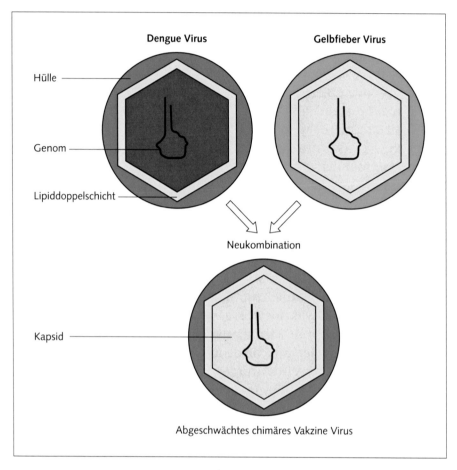

Abb. VIII.6: Viruspartikel zur Vakzinierung gegen Dengue (schematisch): Die Chimäre aus Dengue- und Gelbfieber-Virus ergibt ein Virus mit Dengue-Hülle und Gelbfieber-Kapsel. Die Hülle bildet das Hauptziel schützender Antikörper. Die Lipiddoppelschicht wird von der Wirtszelle «ausgeliehen» und bei der Zusammensetzung des Virus' während des anschließenden Zellaustritts mitgenommen.

den Mückenarten stärker ausgeprägt ist als zwischen Mücken und *Drosophila*. Ähnlich wie bei der Anophelesmücke ist auch bei *Aedes* eine hohe Anzahl von Genen auszumachen, die für Geruchsrezeptoren kodieren – für die Mücken offenbar eine wertvolle Ausstattung, um ihre Blutopfer zu orten. Wie auch bei der Anophelesmücke wird die Wissenschaft versuchen, aufgrund der Kenntnisse im molekularen Bereich bei der Aedes-Mücke Informationen so umzusetzen, dass eine bessere Kontrolle der Krankheit möglich sein wird.

Kapitel IX

Ebola hämorrhagisches Fieber

IX. 1   Geschichtlicher Hintergrund

Seit der großen Epidemie in Zaïre und dem Sudan im Jahr 1976 ist das Ebola-Virus offiziell «aktenkundig» geworden. Das Virus, später als Stamm Ebola-Zaïre identifiziert, wütete schrecklich und hatte eine der höchsten durch virale Erreger verursachten Todesraten: Nahezu 90 % der Infizierten überlebten die Virusattacke nicht. Erst seitdem befasst sich die Infektionsbiologie wie auch die Molekularbiologie genauer mit dem Virus. Da die Existenz des Ebola-Virus erst in jüngster Zeit für den Menschen gefährlich geworden ist, stellt sich die Frage, ob es ein relativ junger Erreger ist. Dabei sollte man allerdings andere Publikationen nicht außer acht lassen, die darauf hinweisen, dass die große Pestepidemie, die in Mittel- und Nordeuropa von 1347–1352 grassierte und den Kontinent um fast die Hälfte seiner Einwohner brachte, vielleicht nicht nur von dem Bakterium *Yersinia pestis* hervorgerufen wurde. Eventuell verursachte zusätzlich das Ebola-Virus oder ein ihm vergleichbares Virus mit ähnlichen Symptomen die rasende Seuche. Zu der damaligen Zeit konnte nicht eindeutig nachgewiesen werden, dass die Seuche tatsächlich durch den Pesterreger *Y. pestis* ausgelöst wurde. Gewisse Symptome wie auch die Tatsache, dass die Wanderratte (*Rattus norvegicus*), deren Flöhe ja gemeinhin als Überträger des

Pestbazillus gelten, erst rund 50 Jahre nach dem Auftreten der Pest-
seuche in England und Island beschrieben wurde, sollten bei Beurtei-
lungen berücksichtigt werden.

Erst kürzlich wurde festgestellt, dass in Afrika mit hoher Wahrscheinlichkeit Flughunde, die zu den Fledertieren gehören, die Haupt-
reservoirwirte des Ebola-Virus sind.

IX. 2   Epidemiologie

Das Verbreitungsgebiet des Ebola-Virus ist seit 1976 gesichert. In diesem Jahr brach die bereits erwähnte Ebola-Epidemie simultan in der
Demokratischen Republik Kongo, dem früheren Zaïre, und im Süd-
Sudan aus. In der Demokratischen Republik Kongo konnte damals
kein Überträger gefunden werden. Im Süd-Sudan dagegen fiel auf,
dass der Ausbruch der Epidemie eng mit der Erkrankung von Ange-
stellten einer Baumwolle verarbeitenden Fabrik verbunden war, die
von Fledermäusen stark frequentiert wurde. 1989 wurde das Virus in
Affen festgestellt, die in die USA (Reston, Staat Virginia) importiert
worden waren und an dem hämorrhagischen Fieber erkrankten. Diese
Affen, die unter anderem auch nach Italien geliefert wurden, stammten von den Philippinen. Bei infizierten Menschen zeigte sich keine
schwerwiegende Erkrankung, obwohl eine Antikörperbildung nachgewiesen werden konnte. 1994 erkrankte im westafrikanischen Staat
Elfenbeinküste eine Forscherin am hämorrhagischen Fieber, nachdem
sie einen infizierten Schimpansen seziert hatte. Bei jedem dieser
dokumentierten Ausbrüche wurden die Viren untersucht und aufgrund ihrer Unterschiede in die vier Stämme «Zaïre», «Sudan», «Reston» und «Ivory Coast» eingeteilt. 1995 brach die Epidemie erneut in
der Demokratischen Republik Kongo aus, es war der Stamm Ebola-
Zaïre. Von den 325 infizierten Menschen starben 81 %. In den Jahren
2000 und 2001 suchte das Ebola-Virus vom Stamm Sudan Uganda
heim. Diesmal war bei den 425 infizierten Menschen «nur» eine
Todesrate von 53 % zu beklagen. Nach weiteren kleineren Ausbrüchen
in Uganda und der Demokratischen Republik Kongo fand die nächste
größere Epidemie in Uganda im Jahr 2007 statt. Hier wurde ein neuer
Stamm des Ebola-Virus gefunden. Dieser Stamm wurde nach seinem
Auftreten im Bundibugyo-District benannt. Er stellte sich als «relativ»
harmlos heraus: von 149 Patienten starben 37, also knapp 25 %. Diese

Epidemie erscheint jedoch im Gegensatz zu den vorhergehenden Epidemien, bei denen gesicherte Zahlen von der WHO und anderen Organisationen vorliegen, wenig aussagekräftig. Da man über dieses Virus und seine Verbreitung noch recht wenig weiß, muss man sich im Moment mit diesen Daten zufrieden geben.

IX.3   Symptome

Das hämorrhagische Ebola-Fieber beginnt nach einer Inkubationszeit von etwa 10 Tagen recht undifferenziert, wie eine beliebige schwere Infektion: plötzlich auftretendes sehr hohes Fieber von mindestens 38.8 °C, heftige Kopfschmerzen, Gliederschmerzen, Halsschmerzen, Schwindel und diffuse Schmerzen im unteren Bauchbereich. Die Beschwerden verschlimmern sich rasch und es treten erste innere Blutungen auf, die in blutigem Erbrechen und Blutstuhl resultieren. Der Blutdruck sinkt dramatisch ab, der Patient erleidet schwere Erschöpfungszustände. Innere Organe, besonders Niere, Milz und Leber, werden geschädigt und zeigen nekrotische Veränderungen. Die inneren Blutungen werden dadurch hervorgerufen, dass das Virus mit den Blutplättchen (Thrombozyten) interagiert, wodurch eine Chemikalie freigesetzt wird, die regelrechte Löcher von der Größe einer Zelle in die Wände der Blutgefäße frisst. Nach 5–7 qualvollen Tagen stirbt der Patient in der Mehrzahl der Fälle.

IX.4   Verursacherorganismus

Die bekannten Ebola-Spezies bilden zusammen mit dem Marburg-Virus die Familie der Filoviren (filum, lat.: der Faden). Ihre äußere Gestalt sieht unter dem Elektronenmikroskop wie ein fadenförmiges Gebilde aus, das auch gekrümmt oder verzweigt sein kann. Das Ebola-Virus kann bis zu 1400 nm lang sein und einen Durchmesser von etwa 80 nm haben. Sein Genom besteht aus einzelsträngiger RNA, die als Negativ-Strang vorliegt. Diese RNA ist von einem Nukleokapsid umhüllt, das sich aus viralen Proteinen zusammensetzt. Aus der äußeren Hülle, die aus Wirtszellmembranen entstanden ist, ragen im Abstand von ca. 10 nm «Spikes» hervor, die etwa 10 nm lang sind. Diese Spikes bestehen aus einem viralen Glykoprotein (GP), das eine

wesentliche Rolle beim Viruseintritt in die Zelle spielt. Zwischen dem Nukleokapsid und der äußeren, «gespikten» Hülle liegt eine Schicht aus viralen Matrixproteinen (VP40, VP24).

Seit Januar 2008 sind fünf Stämme des Ebola-Virus bekannt. Der Zaïre-Stamm ist der für den Menschen gefährlichste. Bei einem Ausbruch beträgt die Todesrate über 90%. Der Sudan-Stamm wurde als zweiter Stamm klassifiziert. Bei einer Infektion mit ihm sterben etwa 54% der Betroffenen. Der Ebola-Stamm Reston war der dritte, der identifiziert wurde. Er ist für den Menschen nicht pathogen und führt auch bei Affen nur in seltenen Fällen zum Tod. Der Stamm Ivory Coast, auch als Tai bezeichnet, wurde 1994 in Schimpansen entdeckt, die im Tai Forest Ivory Coast lebten. Auch dieser Stamm ist sehr wahrscheinlich für den Menschen nicht so gefährlich wie der Zaïre-Stamm. Es fehlen allerdings genügend Daten, um eine gültige Aussage machen zu können. Nach dem Ausbruch der Ebola-Epidemie im November 2007 im Bundibugyo-Gebiet war Anfang 2008 klar, dass ein neuer Subtyp des Ebola-Virus aufgetaucht war.

Das Ebola-Virus ist in vielerlei Hinsicht noch ein Buch mit sieben Siegeln. Es ist nicht einwandfrei geklärt, wie es übertragen wird. Ebenso ist noch unklar, wer sein Reservoirwirt ist, also sein «Unterschlupf», in dem es existieren kann, ohne seinen Wirt zu töten. Man vermutet, dass die drei Stämme Zaïre, Sudan und Ivory Coast mit den Körperflüssigkeiten von Mensch zu Mensch übertragen werden, ähnlich wie beim HIV-Virus. Das heißt, Blut, Schweiß, Urin sowie Sperma können der Übertragung dienen. Beim Reston-Stamm wird angenommen, dass die Übertragung durch Tröpfcheninfektion stattfindet. Zur Ermittlung des Reservoirwirtes wurden sehr viele Untersuchungen an Tieren und Pflanzen durchgeführt. Zwischen 1976 und 1998 wurden nicht weniger als 30000 Säugetiere, Vögel, Reptilien, Amphibien und Insekten in den Epidemieregionen untersucht – leider mit negativem Ergebnis. Einzig in Nagetieren wurden wenige genetische Fragmente des Ebola-Virus entdeckt. Auch in Kadavern von verendeten Gorillas und Schimpansen fanden sich Ebola-Viren, aber durch die hohe Sterblichkeitsrate nach einer Infektion scheiden diese Primaten als Reservoirwirte aus. Nur bei Flughunden, die zu den Fledertieren gehören, und zwar bei dem Hammerkopf (*Hypsignathus monstrosus*), dem Franquets Epauletten-Flughund (*Epomops franqueti*) und dem Schmalkragen-Flughund (*Myonycteris torquata*), fand man sowohl Virusbruchstücke als auch Antikörper gegen das Ebola-Virus, aber keine

Anzeichen einer Infektion. Die untersuchten Flughunde stammten aus einer Gegend in Gabun, in der kurz vorher eine heftige Epidemie unter den Flachland-Gorillas tobte. Da Flughunde bei der einheimischen Bevölkerung als Delikatesse gelten, haben die Forscher aus dem Centreville International de Recherche Médicales de Franceville in Gabun empfohlen, diese Nahrung zu meiden.

IX.5   Therapieansätze

Gegen das hämorrhagische Ebola-Fieber gibt es bisher keine wirksame Therapie, es können nur die Symptome bekämpft werden. Die Entwicklung von Impfstoffen gegen das Virus hat zwar bei bestimmten Affenarten Erfolge gezeigt, beim Menschen ist aber zurzeit noch kein wirksamer Impfstoff in Aussicht.

IX.6   Molekularbiologische Forschungsansätze

Um gegen eine Virus-Erkrankung eine Therapie zu konzipieren oder einen wirksamen Impfschutz zu entwickeln, muss man die Molekularbiologie sowie den Lebenszyklus des Virus so genau wie möglich kennen, um eventuelle Schwachstellen orten und ausnutzen zu können.

Bisher sind die Genome von drei Ebola-Stämmen sequenziert und analysiert worden: Ebola-Zaïre, Ebola-Sudan und Ebola-Reston. Sie sind hinsichtlich ihrer Genomgröße praktisch identisch: Ebola-Sudan weist 18 875, Ebola-Zaïre 18 959 und Ebola-Reston 18 891 Basen auf. Sieben Gene sind auf dem Ebola-Genom beherbergt, die für insgesamt acht Proteine kodieren. Von diesen acht Proteinen sind sieben Strukturproteine. Beginnt man am 3'-Ende des Genoms von Ebola, sind die Gene in folgender Reihenfolge angeordnet: NP kodiert für das Nuclear Protein, VP35 für das Phosphoprotein, VP40 für ein Matrixprotein, GP für Glykoproteine, VP30 für ein weiteres Strukturprotein, VP24 für ein zweites Matrixprotein und L für die virusspezifische RNA-Polymerase (Abb. IX.1). NP, VP30, VP35 und L Proteine bilden das Nukleokapsid. VP40 und VP24 bilden die Matrixeinlage. Außerdem ist VP40-Protein ein wichtiger Faktor beim Zusammensetzen des Virus in der Wirtszelle sowie beim Verlassen der Wirts-Zelle. Das GP-Gen ist für

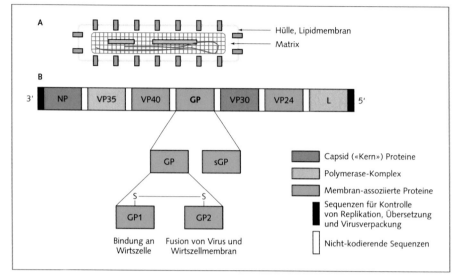

Abb. IX.1: A) Ebola-Virus (schematisch) mit Hülle (Lipidmembran, gelb), GP (grün) und Nukleokapsid (Kernhülle, blau kariert). Im Kapsid eingeschlossen sind das RNA-Genom (rot) und Proteine für die Replikation. B) Ebola-Virus-Genom (negativer Strang) und Prozessierung des GP-Proteins (schematisch):
NP: Nukleoprotein; Hauptprotein der Kernhülle
VP30: Virus-Protein 30; essenzieller Transkriptionsfaktor im Nukleo-Capsid
VP35: Virus-Protein 35; erlaubt Transkription und Replikation der viralen RNA; hemmt Interferon-Wirkung; auch beteiligt an der Nukleokapsid-Bildung
L: RNA-dependent RNA-Polymerase
VP40: Virus-Protein 40, Matrixprotein; wichtig für Zusammensetzung des Virus' und Virus-knospung aus der Wirtszelle; beeinflusst auch Vorgänge in der Wirtszelle
VP24: Virus-Protein 24, Matrixprotein; wichtig zur Bildung der Kernhülle, welche NP, VP35 und die virale RNA enthält
GP: Glykoprotein; verzuckertes Oberflächenprotein; Interaktion mit Wirtszelle
sGP: sekretiertes Glykoprotein; Absorption GP-neutralisierender Antikörper; Hemmung der Immunreaktion?

die Produktion von zwei Glykoproteinen (GP und sGP) verantwortlich. GP ist ein membrangebundenes Glykoprotein, das bei der Anheftung des Virus an die Wirtszelle sowie bei der Verschmelzung mit ihr eine Schlüsselrolle spielt. Das zweite Glykoprotein sGP wird später aus der Zelle sekretiert und kann gegen GP gerichtete Antikörper neutralisieren und damit die menschliche Immunantwort ausschalten, um die Virusinfektion zu ermöglichen.

Befällt das Ebola-Virus eine Zelle, heftet es sich mit Hilfe von GP an Rezeptoren in der Wirtszellwand an. Durch Endozytose wird es in

einem Vesikel in die Zelle transportiert. Dort verschmilzt die Virushülle samt der Matrix mit dem Vesikel und das Nukleokapsid wird in das Zytoplasma freigesetzt. Noch vorher, im eingekapselten Zustand und damit vor zellulären Enzymen sicher, die die virale RNA zerstören könnten, kopiert die viruseigene L-Polymerase den Negativ-Strang in einen Positiv-Strang. Dieser Vorgang kann sich mehrmals wiederholen. Vom Kapsid befreit, werden die positiven mRNA-Stränge von der zelleigenen Maschinerie für die Proteinbiosynthese (Translation) übersetzt und dienen nun fortlaufend als Vorlagen für die Produktion viraler Proteine. Dieser Vorgang wiederholt sich so oft, bis eine definierte Anzahl viraler Proteine in der Zelle vorhanden ist. Dann findet ein Wechsel von der RNA-Translation zu der Replikation statt, bei der der Negativ-RNA-Strang vervielfältigt wird. Zuerst werden von dem originalen Negativ-Strang weitere Positiv-Stränge synthetisiert, die dann als Vorlage für die Synthese viraler Negativ-Strang-RNA dienen. Sind genug Genomkopien erstellt, werden diese in Windeseile jeweils mit Nukleokapsid, Matrix und Hülle umgeben. Die zu zehntausenden entstandenen neuen Ebola-Viren werden durch Knospung aus der Zelle entlassen.

Die Genome der Ebola-Stämme Zaïre, Sudan und Reston weisen bis auf eine Ausnahme in den Basensequenzen und damit auch in den entsprechenden Proteinen eine große Übereinstimmung auf. Besonders Zaïre und Sudan zeigen kaum Unterschiede, Reston dagegen scheint etwas diversifizierter zu sein. Besonders hoch konserviert sind die Gene der Proteine VP24 und VP40, ebenso das Gen L für die virale RNA-Polymerase. Dies deutet darauf hin, dass sich im Laufe der Evolution diese Gene für den Parasiten offenbar sehr bewährt haben. Besonders bedeutsam ist dies bei dem Protein VP40, das eine Schlüsselstellung bei der Knospung einnimmt, durch die das Virus aus der Zelle herausgeschleust wird, also der Voraussetzung für die Verbreitung der Infektion.

Ebola benötigt für sein Entkommen aus der Zelle zusätzlich Hilfe durch das zelluläre Protein Nedd4. Wissenschaftler der Universität von Pennsylvania, USA, identifizierten ein weiteres zelluläres Protein, ISG15, das als Störenfried bei der Knospung agiert. Die Zelle produziert ISG15, um das Helferprotein Nedd4 zu blockieren und damit den «Fluchtprozess» zu unterbinden. Noch sind die genauen Einzelheiten der komplexen Proteinwechselwirkungen nicht ganz geklärt, vor allem nicht, in welcher Größenordnung die Blockade durch das

ISG15 wirkt, und unter welchen Bedingungen diese aktiviert wird. Die Proteine VP40, Nedd4 und ISG15 sind somit wichtige Ansatzpunkte für die Entwicklung einer möglichen Therapie: Verhindert man das Ausschwärmen des Virus' aus der Zelle, so verhindert man auch eine Weiterinfektion und Vermehrung des Erregers. Da die Gensequenz für VP40 bei allen bislang untersuchten Ebola-Stämmen hoch konserviert ist, dürften die Interaktionen zwischen den Proteinen VP40, Nedd4 sowie ISG15 bei allen Stämmen gleich ablaufen.

Im Gen des Glykoproteins GP, das eine Schlüsselrolle bei dem Eintritt des Virus' in die Zelle spielt, wurden die häufigsten Divergenzen bei den untersuchten Stämmen festgestellt. Dieser Befund ist besonders interessant, da das GP-Protein eine wichtige Zielstruktur für antivirale Therapien darstellt und erst 2008 durch die Strukturaufklärung eine harte Nuss in der Ebola-Forschung geknackt werden konnte: Das GP-Protein wird kurz nach seiner Bildung in die zwei Glykoproteine GP1 und GP2 gespalten. Diese beiden Proteine bilden eine schalenartig umfasste, kelchförmige Struktur, die mit diversen Zuckerderivaten umgeben, offenbar unangreifbar für menschliche Antikörper ist. Wenn nun mit Hilfe dieser Strukturinformation geeignete Inhibitoren gegen diesen Komplex hergestellt werden könnten, wäre dem fatalen Kreislauf der Vermehrung des Ebola-Virus ein Ende gesetzt.

Die molekulare Aufklärung der Virus-Replikation und des Infektionsverlaufes ist in vollem Gang und wird in Zukunft hoffentlich verschiedene Therapiemöglichkeiten eröffnen.

Kapitel X

Schistosomiasis

X.1 Geschichtlicher Hintergrund

Der Verursacher der Schistosomiasis, auch Bilharziose genannt, plagt die Menschheit schon seit langem. Bereits in Papyrusrollen aus dem alten Ägypten wird die Krankheit eindeutig beschrieben (3. Jahrtausend vor Christus) und auch ihre zum Teil abenteuerlichen Behandlungsmöglichkeiten sind überliefert. Die Ursache der Krankheit erkannte man damals jedoch noch nicht. Auch Avicenna (980–1037), der «Vater» der arabischen Medizin, beschreibt sehr eindrücklich den Blutharn (Hämaturie), eines der Symptome der Schistosomiasis. Als unter Napoleon französische Soldaten in Ägypten reihenweise an der Hämaturie erkrankten, glaubte man, dass lange Märsche bei großer Hitze die Ursache seien. Erste Hinweise auf die tatsächliche Ursache fand der französische Arzt M. A. Ruffer (1859–1917) aus Lyon, der das Bakteriologie-Institut in Kairo leitete und 1909 in den Nieren von 2000 Jahre alten Mumien verkalkte Eier jener Saugwürmer fand, die die Schistosomiasis bereits im alten Ägypten ausgelöst hatten. 1851 kam der deutsche Arzt Th. Bilharz mit einer Expedition des Herzogs von Coburg nach Ägypten und wurde Professor an der Medizinschule Kasr-el-Ain. Er untersuchte Leichen von Soldaten, die an Hämaturie gelitten hatten, und stellte fest, dass ein Saugwurm für die dramatischen Veränderungen im Urogenitalsystem verantwortlich war. Bilharz zu Ehren wurde der Parasit *Bilharzia haematobium* genannt. Die heutige Bezeichnung lautet *Schistosoma haematobium*. Der komplexe

Lebenszyklus des Parasiten wurde 1908 durch den brasilianischen Parasitologen Piraja da Silva aufgeklärt und beschrieben.

X.2 Epidemiologie

Die WHO schätzt, dass etwa 250 Millionen Menschen an Schistosomiasis leiden. Die Krankheit ist in 74 tropischen und subtropischen Ländern verbreitet (Abb. X.1, Abb. X.2). Die wichtigsten humanpathogenen Arten, also solche, die dem Menschen gefährlich werden können, sind *Schistosoma haematobium*, das in Afrika, dem Nahen Osten und an wenigen isolierten Orten in Indien vorkommt. *S. mansoni* ist in Afrika, der Karibik sowie Ländern der südamerikanischen Ostküste verbreitet. *S. japonicum* findet sich in Südostasien, dem Westpazifik, China, Indonesien und den Philippinen, aber nicht mehr in Japan. *S. mekongi* trifft man im Gebiet des Mekong-Flusses in Laos, Kambodscha und Vietnam an. *S. intercalatum* ist auf einige Gebiete in Zentral- und Westafrika beschränkt. Auch in unseren gemäßigten Breiten gibt es Arten der Gattung *Schistosoma*, die durch infizierte

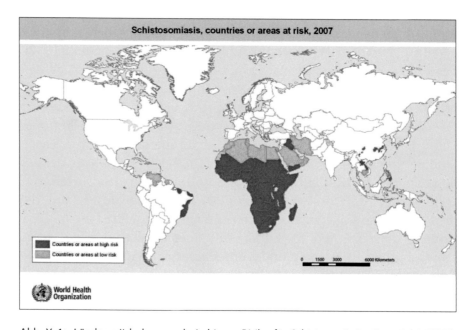

Abb. X.1: Länder mit hohem und niedrigem Risiko für Schistosomiasis. Copyright: WHO (http://gamapserver.who.int/mapLibrary/).

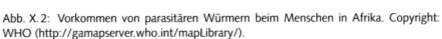

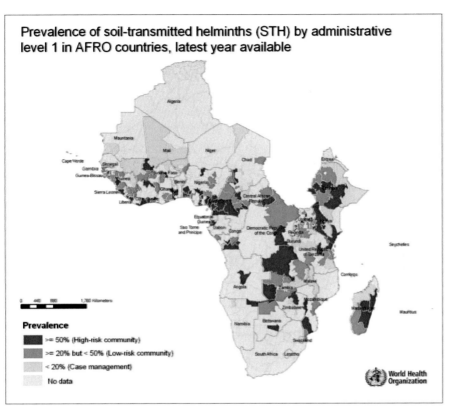

Abb. X. 2: Vorkommen von parasitären Würmern beim Menschen in Afrika. Copyright: WHO (http://gamapserver.who.int/mapLibrary/).

Wasservögel verbreitet werden, für den Menschen allerdings relativ harmlos sind. Näheres zu *Schistosoma* findet sich im nächsten Unterkapitel «Verursacherorganismus».

Die Übertragung des Parasiten und damit das Risiko infiziert zu werden, ist streng gekoppelt mit der geographischen Lage. Das hängt mit dem komplexen Lebenszyklus des Krankheitserregers zusammen, der durch unterschiedliche Entwicklungsstadien gekennzeichnet und immer an Frischwasser gebunden ist. Die komplexe Epidemiologie, auf die hier nicht weiter eingegangen werden kann, bestimmt auch die Behandlungsmöglichkeiten. Breitangelegte Chemotherapie ist heute das Mittel der Wahl, kann der Krankheit aber nur teilweise Herr werden. Impfstoffe werden möglicherweise in Zukunft die Chemotherapie ergänzen.

X.3   Verursacherorganismus

Da die Symptome der Schistosomiasis besser erläutert werden können, wenn die Beschreibung des Verursacherorganismus und dessen Lebenszyklus bekannt sind, wird in diesem Kapitel das Unterkapitel «Verursacherorganismus» vorgezogen.

Arten der Gattung *Schistosoma* haben einen für die Trematoden (Saugwürmer) typischen Lebenszyklus, der sich sowohl in Vertebraten (Wirbeltieren) als auch in Invertebraten (wirbellosen Tieren) abspielt. Bei den fünf erwähnten *Schistosoma*-Arten ist der Mensch der Endwirt, ihr Lebenszyklus ist weitestgehend ähnlich. Das höchst aktive *Schistosoma*-Weibchen legt dabei im Urogenital- oder Darmtrakt des Menschen Hunderte bis Tausende Eier pro Tag. Diese enthalten ein noch unreifes Mirazidium (Wimpernlarve), das im Wirt in 6–10 Tagen heranreift und danach noch rund drei Wochen lebensfähig bleibt. Die Eier des Parasiten werden zusammen mit dem menschlichen Kot (*S. mansoni*, *S. japonicum*, *S. mekongi*, *S. intercalatum*) oder Urin (*S. haematobium*) ausgeschieden. Gelangen die Eier mit dem Mirazidium ins Süßwasser, entledigen sich die Mirazidien der behindernden Eihülle und suchen ihren Zwischenwirt: verschiedene Arten von Süßwasserschnecken (Abb. X.3, Abb. X.4). Dabei sind die Mirazidien recht spezifisch: *Biomphalaria* wird von *S. mansoni* infiziert, *Bulinus* dagegen von *S. haematobium*, und *S. japonicum* hat sich auf die amphibische Schnecke *Oncomelania* spezialisiert. Die Mirazidien dringen in die Schnecke ein. Nahe der Eindringstelle bilden sich Sporozysten, deren Abkömmlinge sich später in der Mitteldarmdrüse zu Zerkarien mit ihrem typischen Ruderschwanz entwickeln. Die Zerkarien verlassen die Schnecke nach 3–6 Wochen in einem geregelten Tag-Nachtrhythmus (engl.: circadian rhythm, 24-Stunden-Rhythmus). Nach dem Ausschwärmen in das Wasser infizieren sie innerhalb weniger Stunden wieder den Menschen. Die Zerkarien bewegen sich zum Licht hin an die Wasseroberfläche und werden auch durch bestimmte Fettsäuren in der menschlichen Haut angelockt. Einfaches Spiel haben die Parasiten, wenn sich der Mensch bereits längere Zeit im Wasser befindet – wie zum Beispiel beim Reis anpflanzen oder beim Netzfischen in seichtem Gewässer. Dann ist die Haut bereits «aufgeweicht» und die Zerkarien dringen mühelos in Minutenschnelle in den Körper ein (Abb. X.5). Die Zerkarien sind gut ausgerüstet, um die menschliche Haut zu durchbohren:

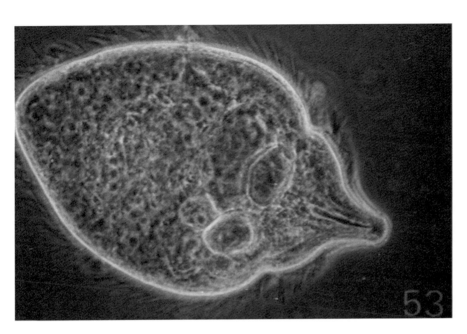

Abb. X. 3: *Schistosoma haematobium*: Mirazidium vor dem Eindringen in die Schnecke. Copyright: Royal Tropical Institute Amsterdam (STI Basel).

Abb. X. 4: Die Wasserschnecke *Bulinus liratus* dient als Zwischenwirt für den Lebenszyklus von *Schistosoma*. Copyright: A. Degrémont, STI, Basel.

118

Abb. X.5: Der Reisanbau in Afrika kommt der Ernährungslage zugute, allerdings bieten die Reisfelder auch ein ideales Schneckenhabitat. Copyright: A. Degrémont, STI Basel.

Mit Hilfe von Enzymen werden die Hautproteine aufgelöst. Beim Eindringen in den Menschen wirft die Zerkarie ihren Ruderschwanz ab. Sobald sie gänzlich in die Hautschichten eingebohrt ist, entwickelt sie sich weiter zu einem Schistosomulum. Ungefähr zwei Tage verharrt dieses in den Hautschichten. Dann beginnt es seine Wanderung über das Venensystem in die Lunge, wo ein weiterer Entwicklungsschritt stattfindet, der den Parasiten dazu befähigt, seine Reise über das Blutkreislaufsystem in die menschliche Leber fortzusetzen. Diese erreicht er ungefähr 8–10 Tage nach der Infektion (Abb. X.6). *S. mansoni* und *S. japonicum* ernähren sich jetzt durch Saugen an den roten Blutzellen. Die nun fast erwachsenen Saugwürmer paaren sich, diese lebenslang anhaltende Paarung hat ihnen den Namen «Pärchenegel» eingetragen (Abb. X.7). Das kräftigere und meist etwas kürzere Männchen saugt das Weibchen an seiner mit einer großen Längsfalte versehenen Bauchseite an sich. Diese Längsfalte erweckt den Eindruck, als ob das Männchen gespalten sei, was zu der Namensgebung «*Schistosoma*» führte (gr.: schizein: spalten, soma: Körper). Nach weiteren 6–8 Wochen sind die Wurmpaare voll entwi-

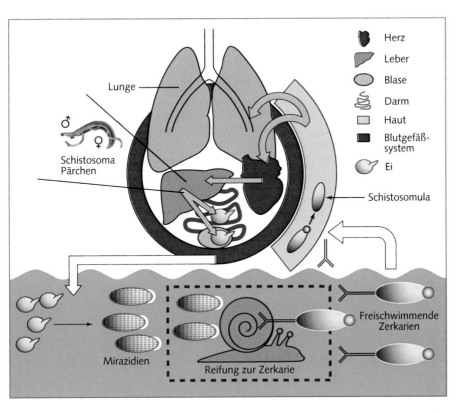

Abb. X.6: Entwicklungszyklus von *Schistosoma* (schematisch): Eier werden mit Urin oder Kot ins Wasser abgegeben; Heranreifen des Mirazidiums und Schlüpfen; Mirazidien dringen in Schnecke ein und entwickeln sich zu Zerkarien. Die Zerkarie spürt den Endwirt (z. B. Mensch) auf und dringt, nach Abwerfen des Schwanzes, in die Haut ein; die Zerkarie reift zum Schistosomulum (junger Wurm). Die reifenden Würmer werden über die Blut- und Lymphbahnen in die Lunge getragen, gelangen dann über die linke Herzkammer in die Leber, wo die Männchen die Weibchen zur Paarung aufnehmen (Pärchenegel). Nach der Paarung wandern Männchen und Weibchen zu den artspezifischen Ansiedlungsorten wie den Venen der Darmwand und der Blase. Entzündungsreaktionen lassen die Eier in den Urin und in den Kot gelangen. Krankheitseffekte werden durch entzündliche und allergische Reaktionen gegen die Eier, welche vor allem in die Leber gespült werden, ausgelöst.

ckelt und beginnen mit der Eiproduktion und Eiablage: *S. mansoni* bringt es auf etwa 300 Eier pro Tag, *S. japonicum* sogar auf das zehnfache, nämlich 3000 Eier pro Tag. Viele der Eier gelangen durch die Zellwände der Venen in Enddarm oder Blase, von wo sie ausgeschieden werden. Schistosomen sind treue Wegbegleiter, wenn sie sich einmal festgesetzt haben, bleiben sie für 2–5 Jahre im Körper, einzelne sogar für 20–40 Jahre.

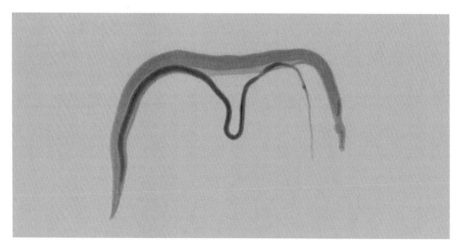

Abb. X.7: Die Pärchenegel haben ihren Namen nicht umsonst. Sie bleiben ein Leben lang zusammen. Copyright: F. Speiser, STI Basel.

Je nach Art und Geschlecht sind die verschiedenen Schistosomen unterschiedlich groß (s. Tabelle).

Größenangaben zu den *Schistosoma*-Arten

	S. japonicum	*S. mekongi*	*S. mansoni*	*S. haemato-bium*	*S. inter-calatum*
Weibchen					
Länge (mm)	20–30	112	10–20	16–26	10–14
Durchmesser (mm)	0,30	0,23	0.16	0,25	0,15–0,18
Männchen					
Länge (mm)	10–20	115	6–13	10–15	11–14
Durchmesser (mm)	0,55	0,41	1,10	0,90	0,3–0,4

Auch die Endziele im menschlichen Wirt differieren je nach Art. Pärchen von *S. mansoni* und *S. japonicum* wandern in das Venensystem des mesenterischen Darmgewebes oder des Dickdarmgewebes ein und sind die Ursache für heftigen Blutstuhl. *S. haematobium* findet den Weg aus der Leber in die Venen des Urogenitalsystems und verursacht Hämaturie. So unappetitlich der Befall durch Organismen der Gattung *Schistosoma* auch ist, die Symptome und Beschwerden der Krankheit werden kaum durch die anatomischen Schädigungen im

Körper hervorgerufen, sondern durch die äußerst heftige Reaktion des menschlichen Immunsystems.

X.4 Symptome

So verschieden die Stadien der *Schistosoma*-Entwicklung im Menschen sind, so unterschiedlich sind auch die begleitenden Symptome der Infektion, da in jedem Stadium ein anderes System des Köpers in Mitleidenschaft gezogen wird. Nach der Infektion mit Zerkarien durch die Haut spürt man in der Regel nur einen relativ harmlosen Juckreiz. Die Symptome steigern sich dann beträchtlich, insbesondere nach einer Mehrfachinfektion: starke Schmerzen im Bauchbereich, Husten, Durchfall, Fieber, Erschöpfung, Vergrößerung der Leber und der Milz sowie eine starke Eosinophilie. Bei dieser heftigen Reaktion auf die Infektion erhöht sich die Zahl der eosinophilen Granulozyten im Blutbild, wie es bei schweren Allergien der Fall ist. Dies ist die akute Phase. Die chronische Phase beginnt mit der Paarung der Pärchenegel im Menschen und der Eiablage. Der menschliche Körper reagiert hypersensitiv auf die Eier, die starke Antigene darstellen und das Immunsystem in höchste Alarmbereitschaft versetzen. Der Effekt wird dadurch verstärkt, dass nach einer Eiablage nur etwa die Hälfte der Eier ausgeschieden wird, die andere Hälfte aber im Menschen verbleibt und so eine permanente Stimulation des Immunsystems auslöst. Starke Entzündungsreaktionen in den befallenen Geweben sind die Folge, die sich unter anderem durch Blutharn und Blutstuhl zeigen. In seltenen Fällen kann auch das Gehirn von dem Parasiten heimgesucht werden. Besonders dramatisch wirkt sich dies bei Kindern aus. Hat sich *Schistosoma* im Gehirn eines Kindes eingenistet, droht ihm durch die Entzündungsreaktionen eine dauerhafte Schädigung des Gehirns und damit seiner ganzen weiteren Entwicklung. Obwohl Erreger der Gattung *Schistosoma* nicht so todbringend sind wie z.B. Erreger der Malaria, sind doch in Afrika allein etwa 200 000 Tote pro Jahr zu vermelden. Die Sterblichkeit kann auf chronische Schädigungen der Leber (*S. mansoni, S. japonicum*) aber auch der Niere, Blase und Harnwege (*S. haematobium*) zurückgeführt werden. Die Organe werden über Jahre durch Eier des Parasiten und die darauf ausgerichtete Immunreaktion belastet. Zusätzlich werden bei der Schistosomiasis vermehrt Blasen- und Darmkrebserkrankungen berichtet.

Wie setzt sich unser Immunsystem außer mit der Bildung von Entzündungsherden weiter gegen den Parasiten zur Wehr? Es schüttet eine ganze Kaskade von Proteinen und Abwehrzellen aus – darunter Zytokine, $CD4^+$ T Zellen, Makrophagen und Fibroblasten – die damit beschäftigt sind, die Mirazidien-tragenden Eier zu neutralisieren und für den menschlichen Körper unschädlich zu machen. Ähnlich wie bei der Lungentuberkulose bilden diese Proteine und Abwehrzellen dabei Granulome um den Erreger, die ihn quasi festsetzen. Allerdings ist der Preis dafür hoch: Die Eier mit den Wimpernlarven sterben zwar ab, das betroffene Gewebe regeneriert sich aber nicht, sondern wird zu einem fast funktionslosen Bindegewebe. Kurz, die Überempfindlichkeitsreaktion durch das Immunsystem des Wirtes verursacht die chronischen Schädigungen bei Schistosomiasis.

X.5   Therapiemöglichkeiten

Das Mittel der Wahl gegen einen Befall mit Schistosomen ist das gut wirksame Medikament Praziquantel, ein Isochinolinderivat mit relativ wenigen Nebenwirkungen. Allerdings ist der Erfolg der Parasitenbekämpfung in den Gegenden, in denen die Schistosomiasis besonders häufig auftritt, aus logistischen und finanziellen Gründen nach wie vor ungenügend. Ein Impfstoff ist bisher nicht in Sicht. Von besonderem Interesse sind seit kurzem eine Serie medikamentöser Wirkstoffe, die uns schon aus der Malariatherapie bekannt sind: Artemether und andere Artemisinin-Derivate. Während Praziquantel hauptsächlich bei adulten Organismen und nur noch bei 1–3 Tage alten Schistosomulae wirkt, hat Artemether in Mausmodellen seine höchste Wirksamkeit definitiv bei den Schistosomulae. Daher ist es enorm wichtig, die Behandlung so früh wie möglich nach der Infektion zu beginnen, also bevor der fatale Zyklus vollendet ist und die Eier der adulten Schistosomen den Körper überschwemmen. Daher wird auch geprüft, Artemether und Praziquantel als Kombinationstherapie einzusetzen, so dass mit einer Behandlung sämtliche Lebensformen der Schistosomen im Wirt eliminiert werden können. Wenn auch noch weitere Abklärungen nötig sind, bietet daher Artemether in Kombination mit Praziquantel einen vielversprechenden neuen Therapieansatz gegen diesen scheußlichen Wurmparasiten. Zudem hat Artemether, auf Grund seiner Wirkung gegen Schistosomula eine prophylaktische Wirkung, was in einigen klinischen Versuchen deutlich gezeigt wurde und besonders für Touristen oder besondere Berufsgruppen (wie Fischern oder Einsatzkräften bei Überschwemmungen) von Bedeutung ist.

Weitere Medikamentenentwicklungen sind aber dringend nötig, denn die Erfahrung zeigt, dass bei Parasiten früher oder später Resistenzen gegen Medikamente auftreten. Arbeiten, die sich mit dem Enzym Thioredoxin-Glutathion-Reduktase in *Schistosoma mansoni* befassen, bieten einen weiteren Ansatzpunkt. *S. mansoni* hat nach bisherigen Erkenntnissen eine einmalige Art und Weise, wie es Antioxidantien, die als «Radikalfänger» in jedem höheren Organismus zu dessen Schutz vorhanden sein müssen, produziert. Bei Wirbeltieren sorgen zwei verschiedene Enzyme für die Entsorgung der giftigen Radikale, nämlich die Glutathion-Reduktase und die Thioredoxin-Reduktase. Bei *S. mansoni* bewerkstelligt nur ein Enzym diese beiden Reaktionen, nämlich die oben erwähnte Thioredoxin-Glutathion-Reduktase. Mit einem spezifischen Hemmer für das *S. mansoni*-Enzym, sollte der Erreger selektiv gehemmt werden können. Über 70 000 Chemikalien wurden getestet, um einen Hemmstoff gegen das Enzym zu finden. Die Forscher um D. L. Williams von der State University in Illinois, USA, entdeckten ein Oxadiazol-Derivat, das in der Tat eine beachtliche Hemmwirkung auf das Enzym ausübt. Erfreulicherweise wirkt es bei Schistosomiasis bereits auf das Zerkarienstadium, direkt nach dem Durchdringen der menschlichen Haut, ein Entwicklungsstadium, das weder von Praziquantel noch von Artemether abgedeckt wird. Es besteht große Hoffnung, dass ähnlich wie bei der Malaria, die Schistosomiasis mit einer Kombinationstherapie stark zurückgedrängt werden kann. Im Schweizerischen Tropeninstitut Basel wurde durch die Arbeitsgruppe von M. Tanner bereits in erfolgversprechenden *in vitro*- und *in vivo* (in Tierversuchen)-Experimenten die gute Qualität einer Behandlung mit Oxadiazol-Derivaten, synthetischen Peroxiden, nachgewiesen. Neben der hohen Wirksamkeit von 94,2 % sind ebenfalls die metabolische Stabilität, die pharmakokinetischen Eigenschaften der Substanz sowie deren geringe Toxizität von Bedeutung.

X.6   Molekularbiologische Forschungsansätze

Die Sequenzierung der *Schistosoma*-Genome und die Funktionsanalyse der Genprodukte soll ein detailliertes Verständnis der komplexen

Entwicklungsprozesse und Wechselwirkungen mit den beiden Wirten Wasserschnecke und Mensch liefern – Voraussetzung für die Entwicklung neuer Behandlungsmethoden für infizierte Patienten.

Der Eukaryont *Schistosoma* besitzt 8 Chromsomenpaare, wovon ein Paar die Geschlechtschromosomen sind (Chromosom Z und W bestimmen das weibliche Geschlecht, zwei Z-Chromosomen das männliche). Das *Schistosoma* Genom Projekt wurde 1993 von der WHO initiiert und wird heute von einem *Schistosoma* Genom Netzwerk ausgeführt. Es wird auf zwei Ebenen vorangetrieben: zum einen die Sequenzierung des Erbgutes und die Identifikation der Gene mit ihrer Funktion und zum anderen die Katalogisierung der Gene, die in bestimmten Entwicklungsstadien aktiviert werden. Bereits 2006 wurden Sequenzdaten für *S. mansoni* publiziert. In der Zwischenzeit haben Forscher am chinesischen Genzentrum auch die Gensequenzen von *S. japonicum* veröffentlicht. Die Sequenzierung von *S. haematobium* ist in Arbeit. Bei *S. mansoni* wurden ca. 12 000 für Proteine kodierende Gene identifiziert. Durch Sequenzvergleiche mit bereits bekannten Genen und Produkten mit definierten Funktionen anderer Organismen kann man Rückschlüsse auf die Genfunktionen und biologischen Prozesse bei *S. mansoni* ziehen. Bei Organismen mit einem großen Genom, wie das bei *Schistosoma* mit 270 Millionen Basenpaaren (etwa 10 % des menschlichen Genoms) der Fall ist, ist dies ein langer Prozess. Darum bedient sich die Wissenschaft oft einer anderen Methode, bei der die (durch Transkription) in mRNA übersetzten und für Proteine kodierenden Gene direkt untersucht werden. Man nennt dieses Vorgehen, bei dem die Gesamtheit der mRNAs isoliert, in cDNAs (komplementäre DNA) übersetzt und sequenziert wird, eine Analyse des Transkriptoms. Mit Hilfe dieser Methode und dem Sequenzvergleich mit anderen Organismen konnten zwei Hauptgruppen von Genen identifiziert werden. Die Proteine der einen Gruppe treten in Wechselwirkungen mit den Nukleinsäuren, z. B. Bindungsproteine an RNA oder DNA. Die Proteine der anderen Gruppe sind für biologische Prozesse, wie etwa Stoffwechsel, Transport von Vitaminen oder Nährstoffen verantwortlich. Von besonderem Interesse, um die Entwicklungsstadien im Lebenszyklus zu verstehen, war die Entdeckung geschlechtsspezifischer Gene bei *Schistosoma*. In diesem Zusammenhang ist es auch interessant zu erwähnen, dass die heute verwendeten Chemotherapeutika eine eher bessere Wirkung gegen weibliche als gegen männliche Schistosomen zeigen. *Schistosoma* besitzt außer-

dem Gene, die, zumindest nach dem bisherigen Vergleich mit anderen Organismen, absolut einmalig sind. Diese Gene und deren Funktion stellen eine riesige Herausforderung für die Wissenschaft dar: Es besteht hier möglicherweise ein großes Reservoir an Zielstrukturen für die Entwicklung neuer Therapien.

Schistosoma hat einen ausgesprochen komplexen Lebenszyklus und hat über die Jahrtausende listige Mechanismen entwickelt, um in seinen Wirten zu überleben. Klar ist, dass sich in den diversen Stadien in unterschiedlichen Wirten auch die Proteinproduktion entsprechend verändert. In der enormen Menge von Daten konnten bereits einige stadienspezifische Proteine identifiziert und unter die molekulare Lupe genommen werden, zum Beispiel die bereits erwähnten Proteasen, proteinspaltende Enzyme, die das rasche Eindringen in die menschliche Haut unterstützen. Wie bei jedem Parasiten sind auch bei *Schistosoma* diejenigen Mechanismen, die das menschliche Immunsystem aushebeln oder umgehen, besonders ausgeprägt. Einer dieser Mechanismen ist die Glykosylierung, die «Verzuckerung» von Proteinen. Diesen Mechanismus benutzt *Schistosoma* besonders im Ei-Stadium. Ein sehr aktives Enzym in dieser Richtung ist die Fucosyltransferase, die die Ankopplung von Zucker- und Kohlehydratresten an Proteinen vornimmt, und im Ei-Stadium in 50fach höherer Konzentration als in anderen Stadien vorliegt. Durch die Variabilität der Glykosylierung werden diese Proteine für das Immunsystem wesentlich unzugänglicher. Dies wiederum regt das Immunsystem zur Leistungssteigerung an: Die Immunantwort, und damit auch die Entzündung, verstärkt sich und es kommt zur vermehrten Granulombildung.

Der Befall mit einem Parasiten wie *Schistosoma* hat schwerwiegende Auswirkungen auf den Menschen. Wie jeder effiziente Parasit lebt und vermehrt er sich auf Kosten seines Wirtes.

Seinen Bedarf an Aminosäuren zum Aufbau der eigenen Proteine deckt der Saugwurm durch Aufspaltung des Wirts-Hämoglobins. Hämoglobin-verdauende Proteine, in diesem Falle Hydrolasen, wurden bei *Schistosoma* bereits identifiziert. Aber die Interaktion zwischen Wirt und *Schistosoma* ist noch nicht beendet. *Schistosoma* besitzt Gene zur Synthese von Hormonen und Wachstumsfaktoren, für die der Mensch entsprechende Rezeptoren (Empfangsstellen) besitzt und die somit eine Wechselwirkung ermöglichen. Leider ist dies auch umgekehrt der Fall. *Schistosoma* weist Gene auf, die die Information für Empfangsstellen für menschliche Hormone und Wachstumsfaktoren

tragen. Diese verhängnisvollen Wechselwirkungen erlauben es einem Schistosomenpärchen, über Jahre, wenn nicht sogar Jahrzehnte, im menschlichen Körper zu verweilen.

Weitere molekularbiologische Abklärungen, besonders was die Rolle der TGF-β-Genfamilie betrifft, von der bei *Schistosoma* ein Protein identifiziert wurde, das offenbar eine Rolle bei Zellvermehrung und Zelldifferenzierung spielt, sowie immunologisch bedeutsame Proteine, wie die z.B. in Entzündungsprozesse eingreifenden Chemokine, werden zur Zeit durchgeführt.

Die Zuordnung von biologischen Funktionen zu den durch Sequenzinformation identifizierten Genen ist eine der vordringlichsten Aufgaben, um die molekularen Entwicklungsprozesse zu verstehen. Dieses Vorgehen ist nicht einfach, da die Kultivierung von *Schistosoma* und die Manipulation von Genen in verschiedenen Entwicklungsstadien sehr schwierig ist. *Schistosoma* kann in Kultur nicht vermehrt werden, und es stehen auch keine *in vitro* kultivierbaren Zelllinien zur Verfügung. Die Methoden zur Herstellung genetisch veränderter Organismen der Gattung *Schistosoma*, also Würmern, denen Gene fehlen, oder denen mutierte Gene eingeführt wurden, um deren Funktionen zu verstehen, sind in Entwicklung. Es ist bereits gelungen, durch die Anwendung der RNAi-Technologie ein Gen, das für eine Protease kodiert, zu inaktivieren und dessen Wichtigkeit für das Wachstum des Erregers im Schistosomula-Stadium zu zeigen. Die Aufklärung der Funktion der *Schistosoma*-Gene und ihrer Produkte ist in vollem Gange und wird der Entwicklung neuer Medikamente, zu denen möglicherweise auch Impfstoffe gehören, starke Impulse verleihen können.

Gensequenzierung bei *Schistosoma*

Spezies*	Verbreitung	Zwischenwirt (Gattung)	Krankheit	Gensequenzierung Status
S. mansoni	Afrika, Karibik, Südamerika	*Biomphalaria*	Darm Schistosomiase	Sequenziert, in Auswertung
S. japonicum	Asien (China)	*Oncomelania*	Darm Schistosomiase	Sequenziert, in Auswertung
S. haematobium	Afrika, östlicher Mittelmeerraum	*Bulinus*	Schistosomiase im Harnsystem	Sequenzierung im Gange

* Genomgröße ≈ 270 Millionen Basenpaare; geschätzte 13 000–14 000 für Proteine kodierende Gene

Literatur

Übersichtsliteratur

Cook G.C., Zumla A.I. (eds) (2003) Manson's Tropical diseases. Twenty-first edition, Elsevier Science Limited

Kayser F.H., Böttger E.C., Zinkernagel R.M., Haller O., Eckert J., Deplazes P. (2005) *Medizinische Mikrobiologie*. Elfte Auflage. Thieme Verlag, Stuttgart, New York

Lucius R., Loos-Frank B. (2008) *Biologie von Parasiten*. Springer Verlag, Berlin, Heidelberg

Mims C., Dockrell H.M., Goering, R.V., Roitt I., Wakelin D., Zuckerman M. (2004) *Medical Microbiology*. Third Edition. Elsevier Mosby Verlag, Edinburgh, London, New York, Oxford, Philadelphia, St Louis, Sydney, Toronto

Schreiber W., Mathys F.K. (1987) *Infectio. Ansteckende Krankheiten in der Geschichte der Medizin*. Edition <Roche>, Basel

Literatur zur Einleitung

Beyrer C., Villar J.C., Suwanvanichkij V., Singh S., Baral S.D. Mills E.J. (2007) Neglected diseases, civil conflicts, and the right to health. *The Lancet* 370: 619–627

Butler D. (2009) Neglected disease boost. *Nature* 457: 772–773

Moran M. (2005) A breakthrough in R&D for neglected disease: new ways to get the drugs we need. *PLoS Medicine* 2 (9): e302

Moran M., Guzman J., Ropars A.-L., McDonald A., Jameson N., Omune B., Ryan S., Wu L. (2009) Neglected disease research and development: how much are we really spending? *PLoS Medicine* 6(2): 0137–0146, e1000030

The PLoS Medicine Editors (2005) A new area of hope for the world's most neglected disease. *PLoS Medicine* 2 (9): e323

Kapitel 1: Malaria

Abdulla S., Oberholzer R., Juma O. et al. (2008) Safety and immunogenicity of RTS,S/AS02D malaria vaccine in infants. *The New England Journal of Medicine* 359 (24): 2533–2544

Bejon P., Lusingu J., Olotu A. et al. (2008) Efficacy of RTS,S/AS01E vaccine against malaria in children 5 to 17 months of age. *The New England Journal of Medicine* 359 (24): 2521–2532

Dzikowski R., Templeton T.J., Deitsch K. (2006) Variant antigen gene expression in malaria. *Cellular Microbiology* 8(9): 1371–1381

Engel G., Herrling P. (Hrsg.) (2006) *Grenzgänge – Albert Hofmann zum 100. Geburtstag.* Schwabe AG Verlag, Basel

Florens L., Washburn M. P., Raine J. D. et al. (2002) A proteomic view of the *Plasmodium falciparum* lifecycle. *Nature* 419: 520–526

Gardner M.J., Hall N., Fung E. et al (2002) Genome sequence of the human malaria parasite *Plasmodium falciparum*. *Nature* 419: 498–511

Hall N., Karras M., Raine J. D. et al. (2005) A comprehensive survey of the *Plasmodium* life cycle by genomic, transcriptomic and proteomic analyses. *Nature* 307: 82–86

Hay S., Guerra C., Tatem A., Noor A., Snow R. (2004) The global distribution and population at risk of malaria: past, present and future. *Lancet Infect Dis* 4: 327–336

Holt R.A., Subramanian G.M., Halpern A. et al. (2002) The genome sequence of the malaria mosquito *Anopheles gambiae*. *Science* 298: 129–149

Koutsos A.C., Blass C., Meister S. et al. (2007) Life cycle transcriptome of the malaria mosquito *Anopheles gambiae* and comparison with the fruitfly *Drosophila melanogaster*. *Proc Natl Acad Sci USA* 104: 11304–11309

Mueller M., Renard A., Boato F., Vogel D., Naegeli M., Zurbriggen R., Robinson J.A., Pluschke G. (2003) Induction of parasite growth-inhibitory antibodies by a virosomal formulation of a peptidomimetic of loop I from domain III of *Plasmodium falciparum* apical membrane antigen 1. *Infection and Immunity* 71(8): 4749–4758

Scott M.P. (2007) Developmental genomics of the most dangerous animal. *Proc Natl Acad Sci USA* 104: 11865–11866

Suthram S., Sittler T., Ideker T. (2005) The *Plasmodium* protein network diverges from those of other eucaryotes. *Nature* 438: 108–111

Thompson F.M., Porter D.W., Okitsu S. et al. (2008) Evidence of blood stage efficacy with a virosomal malaria vaccine in a Phase IIa clinical trial. *PLoS ONE* 1: e1493

Todryk, S.M., Hill, A.V.S. (2007) Malaria vaccines: the stage we are at. *Nature Reviews Micobiology* 5: 487–489

Kapitel 2–4: Tritryps

Balana-Fouce R., Reguera R.M. (2007) RNA interference in *Trypanosoma brucei*: a high-put engine for functional genomics in trypanosomatids? *Trends in Parasitology* 23(8): 348–351

Berriman M., Ghedin E., Hertz-Fowler C. et al. (2005) The genome of the african trypanosome *Trypanosoma brucei. Science* 309: 416–422

Burri Ch., Stich A., Brun R. (2004) Current chemotherapy of human african trypanosomiasis. In: Maudlin I., Holmes P.H., Miles M.A. (eds) *The Trypanosomiasis.* CAB International, 403–419

El-Sayed N.M., Myler P.J., Blandin G. et al. (2005) Comparative genomics of trypanosomatid parasitic protozoan. *Science* 309: 404–409

El-Sayed N.M., Myler P.J., Bartholomeu D.C. et al. (2005) The genomesequence of *Trypanosoma cruzi*, etiologic agent of Chagas-disease. *Science* 309: 409–415

Engstler M., Pfohl T., Herminghaus S. et al. (2007) Hydrodynamic flow-mediated protein sorting on the cell surface of trypanosomes. *Cell* 131: 505–515

Ivens A.C., Peacock C.S., Worthey E.A. et al. (2005) The genome of the kinetoplastid parasite *Leishmania major. Science* 309: 436–442

Kubar J., Fragaki K. (2006) *Leishmania* proteins derived from recombinant DNA: current status and next steps. *Trends in Parasitology* 22(3): 111–116

Smith D.F., Peacock C.S., Cruz A. (2007) Comparative genomics: from genotype to disease phenotype in leishmaniases. *International Journal for Parasitology* 37: 1173–1186

Taylor J.E., Rudenko G. (2006) Switching trypanosome coats: what's in the wardrobe? *Trends in Genetics* 22 (11): 614–620

Kapitel 5: Tuberkulose

Andries K., Verhasselt P., Guillemont J. et al. (2005) A diarylquinoline drug active on the ATP synthase of *Mycobacterium tuberculosis. Science* 307: 223–227

Cole S.T., Brosch R., Parkhill J. et al. (1998) Deciphering the biology of *Mycobacterium tuberculosis* from the complete genome sequence. *Nature* 393: 537–544

Huitric E., Verhasselt P., Andries K., Hoffner S. (2007) *In vitro* antimycobacterial spectrum of a diaryquinoline ATP synthase inhibitor. *Antimicrobial Agents and Chemotherapy* 51: 4202–4204

Jayachandran R., Sundaramurthy V., Combaluzier B. et al. (2007) Survival of mycobacteria in macrophages is mediated by coronin 1-dependent activation of calcineurin. *Cell* 130: 37–50

Scherr N., Honnappa S., Kunz G. et al. (2007) Structural basis for the specific inhibition of protein kinase G, a virulence factor of *Mycobacterium tuberculosis. Proc Natl Acad Sci* 104: 12151–12156

Walburger A., Koul A., Ferrari G., Nguyen L., Prescianotto-Baschong C., Huygen K., Klebl B., Thompson C., Bacher G, Pieters J. (2004) Protein kinase G from pathogenic mycobacteria promotes survival within macrophages. *Science* 304: 1800–1804

WHO Report 2008: Global tuberculosis control-surveillance, planning, financing. (www.who.int/tb/publications/global_report/2008/summary/index.html)

Young D. (1998) Blueprint for the white plague. *Nature* 393: 515–516

129

Kapitel 6: Buruli ulcer

En J., Goto M., Nakagana K., Higashi M., Ishii N., Saito H., Yonezawa S., Hamada H., Small P.L.C. (2008) Mycolactone is responsible for the painlessness of *Mycobacterium ulcerans* infection (Buruli Ulcer) in a murine study. *Infection and Immunity* 76 (5): 2002–2007

George K.M., Chatterjee D., Gunawardana G. et al. (1999) Mycolactone: a polyketide toxin from *Mycobacterium ulcerans* required for virulence. *Science* 283 (5403): 854–857

Hett E.C., Rubin E.J. (2008) Bacterial growth and cell division: a mycobacterial perspective. *Microbiology and Molecular Biology Reviews* 72 (1): 126–156

Noeske J., Kubaban Ch., Rondini S. et al. (2004) Buruli ulcer disease in Cameroon rediscovered. *Am J Med Hyg* 70(5): 520–526

Rondini S., Käser M., Stinear T.P. et al. (2007) Ongoing genome reduction in *Mycobacterium ulcerans*. *Emerg Infect Dis* 13 (7): 1008–1014

Stinear T.P., Mve-Obiang A., Small P.L.C. et al. (2004) Giant plasmid-encoded polyketide synthases produce the macrolide toxin of *Mycobacterium ulcerans*. *Proc Natl Acad Sci* 101 (5): 1345–1349

Stinear T.P., Seemann T., Pidot S. et al. (2007) Reductive evolution and niche adaptation inferred from the genome of *Mycobacterium ulcerans*, the causative agent of Buruli ulcer. *Genome Res* 17: 192–200

Stinear T.P., Davies J.K., Johnson P.D.R., Davies J.K. (2000) Comparative genetic analysis of *Mycobacterium ulcerans* and *Mycobacterium marinum* reveals evidence of recent divergence. *J Bacteriol* 182: 6322–6330

World Health Organisation: Global Buruli ulcer initiative. (www.who.int/gtb-buruli/)

Kapitel 7: Lepra

Britton W.J., Lockwood D.N.J. (2004) Leprosy. *The Lancet* 363: 1209–1219

Cole S.T., Eiglmeier K., Parkhill J. et al. (2001) Massive gene decay in the leprosy bacillus. *Nature* 409: 1007–1011

Scollard D.M., Adams L.B., Gillis T.P. et al. (2006) The continuing challenges of Leprosy. *Clinical Microbiology Reviews* 19(2): 338–381

Stinear T.P., Seemann T., Harrison P.F. et al. (2008) *Insights from the complete genome sequence of* Mycobacterium marinum *on the evolution of* Mycobacterium tuberculosis. Cold Spring Harbor Laboratory Press, 729–741

Tapinos N., Rambukkana A. (2005) Insights into regulation of human Schwann cell proliferation by Erk1/2 via MEK-independent and p56Lck-dependent pathway from leprosy bacilli. *Proc Natl Acad Sci* 102 (126): 9188–9193

World Health Organization. (2007) Leprosy today. (www.who.int.lep/en)

Kapitel 8: Dengue

Alvarez D.E., Lodeiro M.F., Ludueña S.J. et al. (2005) Long-range RNA-RNA interactions circularize the Dengue virus genome. *Journal of Virology* 79(11): 6631–6643

Chao D.-Y., King C.-C., Wang W.-K. et al. (2005) Strategically examining the full genome of Dengue virus type 3 in clinical isolates reveals its mutation spectra. *Virology Journal* 2: 72

Clyde K., Kyle J.L., Harris E. (2006) Recent advances in deciphering viral and hosts determinants of Dengue viral replication and pathogenesis. *Journal of Virology* 80(23): 11418–11431

Edelmann R. (2007) Dengue vaccines approach the finish line. *Clinical Infectious Diseases* 45: S56–60

Filomatori C.V., Lodeiro M.F., Alvarez D.E. et al. (2006) A 5' RNA element promotes Dengue virus RNA synthesis on a circular genome. *Genes & Development* 20: 2238–2249

Fu J., Tan B.H., Yap E.H., Chan Y.C., Tan Y.H. (1992) Full-length cDNA sequence of dengue type 1 virus (Singapore strain S275/90). *Virology* 188: 953–958

Gubler D.J. (1998) Dengue and Dengue hemorrhagic fever. *Clinical Microbiology Reviews* 11(3): 480–496

Guirakhoo F., Pugachev K., Zhang Z. et al. (2004) Safety and efficacy of chimeric yellow fever-Dengue virus tetravalent vaccine formulations in nonhuman primates. *Journal of Virology* 78(9): 4761–4775

Khan A.M., Miotto O., Nascimento E.J.M. et al. (2008) Conservation and variability of Dengue virus proteins: implications for vaccine design. *PLoS Negl Trop Dis* 2 (8): e272

Mohamadzadeh M., Chen L., Schmaljohn A.L. (2007) How Ebola and Marburg viruses battle the immune system. *Nature Reviews Immunology* 7: 556–567

Stein D.A., Shi P.-Y. (2008) Nucleic-acid based inhibition of flavivirus infections. *Frontiers in Bioscience* 13: 1385–1395

Vishvanath N., Wortmann J.R., Lawson D. et al. (2007) Genome sequence of *Aedes aegypti*, a major arbovirus vector. *Science* 316: 1718–1723

Whitehead S.S., Blaney J.E., Durbin A.P., Murphy B.R. (2007) Prospects for a Dengue virus vaccine. *Nature Revies Microbiology* 5: 518–528

World Health Organization: Dengue hemorrhagic fever: diagnosis, treatment, prevention and control. 2nd edition. (www.who.int/csr/resources/publications/dengue/Denguepublication/en/index.html)

Kapitel 9: Ebola

Calisher C.H., Childs J.E., Field H.E. et al. (2006) Bats: Important reservoir hosts of emerging viruses. *Clinical Microbiology Reviews* 19(3): 531–545

Duncan C.J., Scott S. (2005) *Return of the Black Death*. Wiley and Sons Publisher

Duncan S.R., Scott S. Duncan C.J. (2005) Reappraisal of the historical selective pressure for the CCR5-Δ32 mutation. *Journal Medicine Genetics* 42: 205–208

Halfmann P., Kim J.H., Ebihara H., Noda T., Neumann G., Feldmann H., Kawaoka Y. (2008) Generation of biologically contained Ebola viruses. *Proc Natl Acad Sci* 105(4): 1129–1133

Johnson R.F., McCarthy S.E., Godlewski P.J., Harty R.N. (2006) Ebola virus VP35-VP-40 interaction is sufficient for packaging 3E-5E minigenome RNA into virus-like particles. *Journal of Virology* 80(11): 5135–5144

Kawaoka Y. (2005) How Ebola virus infects cells. *The New England Journal of Medicine* 352 (25): 2645–2646

Lee J.E., Fusco M.L., Hessell A.J. et al. (2008) Structure of the Ebola virus glycoprotein bound to an antibody from a human survivor. *Nature* 454: 177–182

Noda T., Ebihara H., Muramoto Y. et al. (2006) Assembly and budding of Ebola virus. *PLoS Pathogens* 2 (9) e99

Okumura A., Pitha P.M., Harty R.N. (2008) ISG15 inhibits Ebola VP40 VLP budding in an L-domain-dependent manner by blocking Nedd4 ligase activity. *Proc Nat Acad Sci* 105(10): 3974–3979

Sanchez A., Rollin P.E. (2005) Complete genome sequence of an Ebola virus (Sudan species) responsible for a 200 outbreak of human disease in Uganda. *Virus Research* 113 (1): 16–25

Sanchez A., Kiley M.P., Holloway B.P., Auperin D.D. (1993) Sequence analysis of the Ebola virus genome: organization, genetic elements, and comparison with the genome of Marburg virus. *Virus Res* 29: 215–240

World Health Organization. Ebola hemorrhagic fever in Uganda. (www.who.int/csr/don/2007_11_30a/en/index.html)

Kapitel 10: Schistosomiasis

Freitas T.C., Jung E., Pearce E.J. (2007) TGF-β signaling controls embryo development in the parasitic flatworm *Schistosoma mansoni*. *PLoS Pathogen* 3(4): e52

Haas B.J., Berriman M., Hirai H., Cerqueira G.G., LoVerde P.T., El-Sayed N.M. (2007) *Schistosoma mansoni* genome: Closing in on the final gene set. *Experimental Parasitology* 117: 225–228

Harvie M., Jordan T.W., La Flamme A.C. (2007) Differential liver protein expression during schistosomiasis. *Infection and Immunity* 75(2): 736–744

Hokke C., Fitzpatrick J.M., Hoffmann K.F. (2007) Integrating transcriptome, proteome and glycome analyses of *Schistosoma* biology. *Trends in Parasitology* 23(4): 165–174

Hu W., Yan Q., Shen D.-K., Liu F., Zhu Z.-D., Song H.-D. et al. (2003) Evolutionary and biochemical implications of a *Schistosoma japonicum* complementary DNA resource. *Nature Genetics* 35(2): 139–147

Kalinna B.H., Brindley P.J. (2007) Manipulating the manipulators: advances in parasitic helminth transgenesis and RNAi. *Trends in Parasitology* 23(5): 197–204

Keiser J., Shu-Hua X., Chollet J., Tanner M., Utzinger J. (2007) Evaluation of the *in vivo* activity of tribendimidine against *Schistosoma mansoni, Fasciola hepatica, Clonorchis sinensis,* and *Opisthorchis viverrini. Antimicrobial Agents and Chemotherapy* 51(3): 1096–1098

Krishna S., Bustamante L., Jaynes R.K., Staines H.M. (2008) Artemisinins: their growing importance in medicine. *Trends in Pharmacological Sciences* 29 (10): 520–527

Kuntz A.N., Davioud-Charvet E., Sayed A.A., Califf L.L., Dessolin J., Arnér E.S.J., Williams D.L. (2007) Thioredoxin glutathione reductase from *Schistosoma mansoni*: an essential parasite enzyme and a key drug target. *PLoS Medicine* 4(6): e206

Liu F., Lu J., Hu W., Wang S.-Y. et al. (2006) New perspectives on host-parasite interplay by comparative transcriptomic and proteomic analyses of *Schistosoma japonicum. PLoS Pathogens* 2(4): e29

Loukas A., Bethony J.M. (2008) New drugs for an ancient parasite. *Nature Medicine* 14(4): 365–366

Oliveira G. (2007) The *Schistosoma mansoni* transcriptome: an update. *Experimental Parasitology* 117: 229–235

Osman A., Niles E.G., Verjovski-Almeida S., LoVerde P.T. (2006) *Schistosoma mansoni* TGF-β receptor II: role in host ligand-induced regulation of a schistosome target gene. *PLoS Pathogen* 2(6): e54

Pearce E.J., MacDonald A.S. (2002) The immunobiology of schistosomiasis. *Nature Reviews Immunology* 2: 499–511

Ross A.G.P., Bartley P.B., Sleigh A.C., Olds G.R., Li Y., Williams G.M., McManus D.P. (2002) Schistosomiasis. *The New England Journal of Medicine* 346(16): 1212–1220

Sayed A.A., Simeonov A., Thomas C.J., Inglese J., Austin C.P., Williams D.L. (2008) Identification of oxadiazoles as new drug leads for the control of schistosomiasis. *Nature Medicine* 14(4): 407–412

Schistosomiasis control initiative: www.schisto.org

Sequencing: www.sanger.ac.uk/projects/S_mansoni/ und www.tigr.org/tdb/e2k1/sma1/

Smith P., Fallon R.E., Mangan N.E., Walsh C.M., et al. (2005) *Schistosoma mansoni* secretes a chemokine binding protein with antiinflammatory activity. *The Journal of Experimental Medicine* 202(10): 1319–1325

TDR: www.who.int/tdr/

Tran M.H., Pearson M.S., Bethony J.M., Smyth D.J., Jones M.K., Duke M., Don T.A., McManus D.P., Correa-Oliveira R., Loukas A. (2006) Tetraspanins on the surface of *Schistosoma mansoni* are protective antigens against schistosomiasis. *Nature Medicine* 12(7): 835–840

Utzinger J., Shu-Hua X., Tanner M., Keiser J. (2007) Artemisinins for schistosomiasis and beyond. *Current Opinion in Investigational Drugs* 8(2): 105–116

van Hellemond J.J., van Balkom B.W.M., Tielens A.G.M. (2007) Schistosome biology and proteomics: progress and challenges. *Experimental Pathology* 117: 267–274

133

Wilson M.S., Mentink-Kane M.M., Pesce J.T., Ramalingam T.R., Thompson R., Wynn
T.A. (2007) Immunopathology of schistosomiasis. *Immunology and Cell Biology* 85: 148–154

Xiao S.-H., Keiser J., Chollet J., Utzinger J., Dong Y., Endriss Y., Vennerstrom J.L.,
Tanner M. (2007) *In vitro* and *in vivo* activities of synthetic trioxolanes against major human schistosome species. *Antimicrobial Agents and Chemotherapy* 51(4): 1440–1445

Glossar

3'-Ende Begriff aus der Nukleinsäuren-Nomenklatur; bezeichnet ein Kohlenstoffatom im Zucker der Nukleinsäurebausteine; die Hydroxylgruppe der 3'-Position verknüpft sich in der Nukleinsäure mit der Phosphatgruppe an der 5'-Position des Zuckers; damit hat jede nicht ringförmige Nukleinsäure ein 3'-Ende und ein 5'-Ende.

Albuminurie Die Ausscheidung von Albumin über die Niere; Nachweis von Eiweiß im Urin als Zeichen einer möglichen Erkrankung.

Alkaloide Pflanzenstoffe, die, chemisch gesehen, basisch sind. Sie enthalten Stickstoff und sind in der Regel salzartig mit pflanzlichen Säuren verbunden.

Antigen Körperfremdes Molekül, das eine immunologische Abwehrreaktion auslöst.

Antikörper Spezielle Proteine des Immunsystems, die als Reaktion auf Antigene (s. d) gebildet werden. Sie sind entweder im Blutplasma gelöst oder an die Oberfläche von Lympohzyten gebunden.

Atmungskette Kette von Reaktionen in Mitochondrien zur Synthese des Energieträgers ATP.

ATP (Adenosintriphosphat) Ein Mononukleotid, das aus Adenin, Ribose und drei Phosphatresten besteht. Durch Abspaltung eines Phosphats unter Bildung von ADP (Adenosindiphosphat) wird Energie freigesetzt. ATP ist der wichtigste Energiespeicher und Energielieferant im Stoffwechsel.

Autoimmunreaktion Reaktion des Immunsystems gegen körpereigene Moleküle.

Basenpaare Die komplementären Nukleotide, die sich in dem helikal gewundenen DNA-Doppelstrang durch Wasserstoffbrücken verbunden, gegenüberstehen. In der DNA paart sich stets A (Adenin) mit T (Thymin) und G (Guanin) mit C (Cytosin).

Basalkörper Austrittspunkt für die Geißel bei den Kinetoplastea.

Calcineurin Ein Enzym, das eine wesentliche Rolle in der Regulation der Immunantwort spielt. Seine Wirkung kann durch immunsupprimierende Medikamente wie Tacrolimus gehemmt werden.

CD4⁺ T Zellen Bestimmte weisse Blutkörperchen, die T-Lymphozyten, tragen das so genannte CD4-Antigen auf der Oberfläche. Diese Zellen sind besonders wichtig für die Immunabwehr gegen Viren.

Chemokine Diese Proteine gehören zu der Gruppe der Zytokine (s. d.). Durch ihre Fähigkeit, Zellwanderungen auszulösen, sind sie für ein funktionierendes Immunsystem unentbehrlich.

Chimäre Im Bereich der Molekularbiologie versteht man generell unter dem Begriff der Chimäre einen Organismus, der das Erbgut mehrerer Organismen beinhaltet. In der Proteinchemie ist eine Chimäre ein Protein, das in einer Aminosäurenkombination vorliegt, die natürlicherweise nicht vorkommt.

Chromatin Komplex aus DNA und Proteinen in eukaryonten Organismen.

Deletion In der Molekularbiologie bedeutet eine Deletion das Fehlen einer oder mehrer DNA-Basen.

Differenzierung Entwicklung ursprünglich gleichartiger Zellen zu Zellen unterschiedlichen Baus und Funktion.

DNA-Microarray-Hybridisationstechnik Mit dieser Technologie können auf einem kleinen Glaschip Tausende von DNA-Proben gleichzeitig auf Mutationen hin ausgewertet werden.

Endozytose Aufnahme von Wasser, Molekülen und Partikeln in die Zelle durch Membraneinstülpungen.

Eosinophile Granulozyten Sie gehören zu den weissen Blutkörperchen und sind mit Vesikeln (Granula) gefüllt, die toxische Stoffe enthalten. Durch die Freigabe dieser Toxine spielen sie eine wichtige Rolle in der Parasitenabwehr. Bei allergischen Reaktionen ist ihre Zahl stark erhöht.

Eosinophilie Erhöhte Zahl eosinophiler Granulozyten (einer Art weißer Blutzellen) im Blut; Hinweis auf eine Infektion, z. B. mit Parasiten.

Epidemiologie Untersuchung der Verteilung von Krankheiten, physiologischen Variablen und sozialen Krankheitsfolgen in menschlichen Bevölkerungsgruppen sowie der Faktoren, die diese Aspekte beeinflussen (WHO-Definition).

Eukaryonten Organismen, die in ihren Zellen einen Kern mit Kernhülle und Chromosomen aufweisen (Tiere, Pilze, Pflanzen sowie Einzeller ausser Bakterien).

Fibroblasten Bindegewebszellen

Genetische Diversität Auch genetische Vielfalt genannt; wird auf drei Ebenen definiert: a) innerhalb von Populationen, b) zwischen Populationen, c) innerhalb von Arten.

Genetische Variabilität Beeinflusst durch Umwelteinflüsse kann gleiche genetische Information zu unterschiedlicher Ausprägung von Merkmalen führen; auch verwendet im Zusammenhang mit genetischen Unterschieden, die innerhalb einer Art im Laufe der Zeit oder an verschiedenen Orten auftreten können.

Genexpression Beschreibung derjenigen Vorgänge, bei denen die DNA in RNA überschrieben wird. mRNA wird nachfolgend in Proteine umgesetzt. mRNA und die als Folge dieses Vorgangs gebildeten Proteine werden als Genprodukte bezeichnet. Auch die nicht in Protein umgesetzten RNAs, wie tRNA, rRNA und miRNA bezeichnet man als Genprodukte.

Genomics Sämtliche Forschungen, die das Genom betreffen, z. B. DNA-Sequenzierung, Genexpression, Sequenzvergleiche.

Genprodukt s. Genexpression

Gram-positive Bakterien Bakterien, die vom Farbstoff Karbol-Gentiana violett anfärbbar sind, nennt man gram-positiv, die übrigen gram-negativ. Die nach ihrem Erfinder H. Chr. Gram benannte Färbemethode dient zur Klassifizierung von Bakterien.

Hämaturie Vermehrtes Vorkommen von roten Blutkörperchen (Erythrozyten) im Urin; mögliches Zeichen einer Erkrankung im Urogentialtrakt.

Helikase Enzym, welches unter Verwendung von ATP die Wasserstoffbrücken zwischen den komplementären DNA-Strängen löst und damit die z. B. für Transkription oder Replikation nötige Einzelstrang-DNA herstellt.

HIV Aids auslösendes Virus; steht für «Human Immunodeficiency Virus» oder «menschliches Immundefizienz-Virus».

Horizontaler Gentransfer Übertragung von Genen ausserhalb der geschlechtlichen Fortpflanzung und über Artgrenzen hinweg. Die Weitergabe der Gene auf geschlechtlichem Weg bezeichnet man als vertikalen Gentransfer.

Immunkompetente Zellen Zellen mit der Fähigkeit, spezifisch auf ein bestimmtes Antigen (s. d.) zu reagieren: B-Zellen durch Produktion von Antikörpern (s. d.) und T-Zellen mittels einer zellvermittelten Immunantwort.

Immunogen Zu einer Immunität führendes Antigen, z. B. ein Protein.

137

Insertionssequenzen DNA-Sequenzen, die zusätzlich in das Genom eingefügt sind.

Inzidenz Zahl der Neuerkrankungen pro Zeiteinheit.

Kapillarwand Im medizinischen Bereich: die Wand der dünnsten Blutgefässe.

Kapsid Die symmetrisch aufgebaute Proteinhülle, die das Virusgenom umgibt.

Kinetoplast Der Kinetoplast ist eine scheibenförmige Struktur, die eine grosse Anzahl von DNA-Kopien der mitochondrialen DNA enthält. Bei den Einzellern der Klasse Kinteoplastea liegt er in der Nähe des Geißelursprungs.

Kinetoplastea Eukaryonte Einzeller, die mit einem Kinetoplasten versehen sind. Bestimmte Parasiten, die Tropenkrankheiten auslösen, z.B. *Trypanosoma brucei*, *T. cruzi* und *Leishmania major* gehören zu dieser Klasse.

Knospung Hier: Das Verlassen von umhüllten Viren aus der Wirtszelle, bei dem sie einen Teil der Wirtszellmembran als Hülle benutzen (engl.: «Budding»).

Letalitätsrate Sterblichkeitsrate; sie misst die Gefährlichkeit einer Erkrankung durch die Angabe der Zahl der an einer Krankheit Verstorbenen im Verhältnis zu der Anzahl der Erkrankten.

Lysosom Zellorganell in tierischen Organismen, das durch seinen hohen Anteil an Enzymen dazu befähigt ist, Fremdkörper wie Viren und Bakterien abzubauen.

Makrophagen (Fresszellen) Sie gehören zu der Gruppe der weissen Blutkörperchen und dienen der Vernichtung von Krankheitserregern durch Phagozytose.

MDR – Multi Drug Resistant Einen Erreger, der gegen mehrere Antibiotika oder andere Medikamente resistent ist, bezeichnet man als MDR-Organismus.

Mirazidium «Wimpernlarve»; erstes Larvenstadium in der Entwicklung von Saugwürmern.

Monozyten Im Blut zirkulierende Vorläufer der Makrophagen, die dort die gleiche Aufgabe übernehmen wie die Makrophagen innerhalb des Gewebes.

Multidimensionale Protein-Identifikationstechnologie Kombination aus einer Peptidtrennung mittels Flüssigkeitschromatographie und nachfolgender Massenspektrometrie.

Mutation Vererbbare Veränderung der DNA-Sequenz und damit eine vererbbare Veränderung eines Gens.

Negativ-Strang Auch «antisense-», «Gegen-Sinn-» oder –Strang genannt; kann nicht direkt in ein Protein übersetzt werden; daher erfolgt z.B. bei Viren mit Negativ-Strang als Erbgut zuerst immer eine Übersetzung zum Positiv-Strang; Viren mit einem Negativ-Strang als Erbgut müssen im Virus eine Polymerase enthalten, welche nach Infektion einer Zelle die Synthese des Positiv-Stranges erlaubt.

Nekrotisches Gewebe Absterbendes Gewebe.

Oberflächenprotein Protein, das sich auf der Oberfläche von Viren, Bakterien oder eukaryonten Zellen befindet; wichtig als Erkennungsmerkmal für das Immunsystem, für das Andocken an Zellen, für die Wechselwirkung der Zellen mit andern Zellen, Proteinen oder andern Faktoren.

Parasitenklon Durch ungeschlechtliche Vermehrung entstandener Abkömmling eines Parasiten, der mit identischem Erbgut ausgestattet ist.

Peptid Molekül, das aus wenigen Aminosäuren zusammengesetzt ist. Verknüpfungen von mehr als 100 Aminosäuren werden als Proteine bezeichnet.

Phagosomen Zellorganellen in den Makrophagen. Sie übernehmen die Aufgabe, Bakterien oder Viren durch enzymatischen Abbau unschädlich zu machen. Sie sind daher wichtig für eine funktionierende Immunabwehr.

Phagozytose Hier: aktiver Vorgang, bei dem durch Makrophagen Fremdelemente durch zelluläres «umfliessen» in die Zelle eingeschleust und dort abgebaut werden.

Pharmakokinetik Die Lehre von der Aufnahme, Verteilung, Metabolismus und Ausscheidung eines Pharmazeutikums in quantitativer, qualitativer und zeitlicher Hinsicht.

Polyketide Naturstoffe mit grosser Strukturvielfalt. Viele Polyketide wurden von der pharmazeutischen Forschung aus Mikroorganismen isoliert, z.B. Antibiotika, Immunsuppressiva, Krebsmittel.

Positiv-Strang Auch «sense-», «Sinn»- oder +-Strang genannt; kann direkt in Protein übersetzt werden; Viren mit einem Erbgut aus einem Positiv-Strang müssen im Viruspartikel keine RNA Polymerase einschliessen (siehe Negativ-Strang); die Vermehrung geschieht über die Synthese eines Negativ-Stranges, von dem weitere Positiv-Stränge abgelesen werden können.

Prävalenz Häufigkeit der Fälle einer bestimmten Krankheit zu einem bestimmten Zeitpunkt in einer definierten Population.

Proteindomäne Bereich in einem Protein, der durch bestimmte Eigenschaften (z. B. 3-dimensionale Struktur) von den angrenzenden Bereichen unterschieden werden kann; meist gekennzeichnet durch eine bestimmte Aminosäurenabfolge.

Proteinkinase Enzym, welches Phosphatgruppen von einem Donor, meist ATP (s. d.) auf bestimmte Aminosäuren in einem Protein überträgt; diese Phsophorylierung führt zu Veränderungen der 3-dimensionalen Struktur und ist oft mit Änderung des Funktionszustandes des Proteins verbunden.

Proteom Die Gesamtheit aller Proteine in einem Organismus zu einem bestimmten Zeitpunkt.

Pseudogene DNA-Abschnitte, die zwar wie ein Gen aufgebaut sind, jedoch in der Regel nicht transkribiert werden, weil ihre Struktur durch zu viele Mutationen geschädigt ist.

Rezeptor Informationsempfänger, meist ein Protein, das in biologischen Systemen physiko-chemische Reize empfängt und weiterleitet.

Radikale Reaktive Atome oder Moleküle mit einem ungepaarten Elektron (negativ geladenes Elementarteilchen); spielen bei zellulären Signalübertragungs- und Stoffwechselprozessen eine wichtige Rolle.

RNAi-Technologie RNAi oder RNA-Interferenz ist ein natürlicher Mechanismus um Genaktivitäten zu steuern; experimentell findet RNAi Anwendung, um die Aktivität eines bestimmten Gens zu regulieren oder ganz zu unterbinden («Gene Silencing»). Dazu werden z. B. kurze doppelsträngige RNA-Sequenzen, die «short interfering RNA» (siRNA) in die Zellen gebracht; die siRNA löst in der Zelle einen Mechanismus aus, der letztlich die Synthese der Genprodukte (RNA und Proteine) blockiert.

RNA Triphosphatase Enzym, welches am Triphosphat am 5' Ende einer neu synthetisierten mRNA ein Phosphatmolekül abspaltet.

Schwann'sche Zelle Eine hochspezialisierte Zelle, die als Schutz- und Stützzelle für peiphere Nervenzellen funktioniert.

Sequenzierung Die Aufschlüsselung der Abfolge der Grundbausteine von DNA, RNA (Basensequenze) sowie Proteinen (Aminosäurensequenz).

Serotypen Immunologisch unterscheidbare Variationen innerhalb der Unterarten von Bakterien und Viren. Unterschiedliche Oberflächenstrukturen stellen unterschiedliche Antigene dar, auf die das Immunsystem wiederum mit der Bildung von spezifischen Antikörpern reagiert.

Sialinsäure auch N-Acetyl-Neuraminsäure genannt, häufiger Bestandteil von Aminozuckern; Bausteine vieler wichtiger Biomoleküle.

Spezies Art; Subspezies: Unterart

Splicing Im Deutschen auch «Spleißen» genannt. Nach der Transkription der DNA entsteht zunächst prä-mRNA, die noch nicht beötigte Sequenzen (Introns) enthält. Der Prozess, bei dem die «Prä-mRNA» zur mRNA zurechtgeschnitten wird, um als Vorlage zur Proteinbiosynthese zu dienen, nennt sich Splicing.

Sporozysten Entwicklungsstadium bei Saugwürmern; in Sporozysten kann eine ungeschlechtliche Vermehrung zu Tochtersporozysten stattfinden.

STI Schweizerisches Tropeninstitut in Basel.

Tetravalent Vierwertig

TGF-β-Genfamilie Sie umfasst mehrere eng verwandte Formen des «Transforming Growth Factor-β». Die Funktionen des TGF-β sind sehr vielfältig. So kann Wachstum gewisser Zellen gehemmt oder stimuliert werden, aber auch bei Entzündungsprozessen ist TGF-β involviert. Das komplette Wirkungsspektrum ist noch nicht abschließend geklärt.

Thrombozyten Blutplättchen, die für den Prozess der Blutgerinnung eine wesentliche Rolle spielen.

Toxin Giftstoff, der von Lebewesen synthetisiert wird und meist eine hohe Spezifiät (z. B. Wirtsspezifität) aufweist. Meist ein Protein oder Lipopolysaccharid mit genetisch fixierter Bildung.

Transcriptional switching Wichtiger biologischer Regulationsmechanismus; in einem bestimmten Entwicklungsstadium ist meist nur eine Gruppe von Genen in die entsprechende RNA übersetzt; beim Wechsel in ein anderes Entwicklungsstadium werden bestimmte Gene abgeschaltet und neue Gene angeschaltet (vom englischen «to switch», deutsch «umschalten»).

Transkription Überschreibung der DNA-Vorlage in die RNA.

Transkriptom Die Gesamtheit der zu einem bestimmten Zeitpunkt in einer Zelle vorliegenden RNA-Moleküle.

Translation Übersetzung der mRNA-Information zu Proteinen.

Transmembran-Proteine Diese Proteine durchdringen die Zellmembran und haben einen ausser-zellulären und inner-zellulären Teil; zu ihnen gehören u. a. Transmembranrezeptoren, Ionenkanäle und Transportproteine.

Transposable elements Auch als «Transposons» oder «Springende Gene» bezeichnet; DNA-Sequenzen, die beliebig das Genom verlassen können, um an anderer Stelle wieder zu integrieren. Die Funktion des Transposons ist nicht endgültig aufgeklärt.

Transsialidasen Diese Enzyme können Sialinsäurereste von Glykoproteinen abschneiden und übertragen. Das geschieht z. B. bei *Trypanosoma cruzi*, dessen Transsialidasen Sialinsäurereste von der Wirtszelle auf die Oberfläche des Parasiten übertragen.

Tritryps Zusammenfassender Begriff für die Trypanosomatiden *T. brucei*, *T. cruzi* und *L. major*; wird auch in der Wissenschaftsliteratur benutzt wenn von allen drei Erregern gleichzeitig die Rede ist.

Typisierungsmarker Merkmale (z. B. in Form von DNA-Sequenzen, bestimmten Oberflächenproteinen), die zur Erkennung von Varianten bestimmter Infektionserreger benutzt werden; Typisierungsmarker erlauben z. B. zu bestimmen, ob bei Auftreten von Epidemien an unterschiedlichen Orten oder zu unterschiedlicher Zeit identische Erreger am Werk sind.

Vakzin Impfstoff.

Virosomen Kleine Fettkügelchen (Liposomen), in deren Membran Virusbestandteile (Proteine oder Lipide) eingebaut sind. Sie können vom Immunsystem erkannt werden und eine Immunreaktion hervorrufen.

Virulenz Grad der «Infektionskraft» eines Erregers.

WHO «World Health Organisation», Weltgesundheitsorganisation mit Sitz in Genf, Schweiz.

Zerkarie «Schwanzlarve»; Entwicklungsstadium von Saugwürmern.

Zylindrurie Zylinderförmige, scharf begrenzte, mikroskopische Gebilde im Harn; bei Nierenerkrankungen, Fieber etc.

Zytokine Proteine, die eine Rolle bei Zell-Wachstums- und Differenzierungsprozessen spielen, aber auch regulatorische Funktionen innerhalb des Immunsystems innehalten.

Index

144

Grundzüge
der Gentechnik
Theorie und Praxis

3., erweiterte und überarbeitete Auflage

Regenass-Klotz, M., Ettingen, Schweiz

BIRKHÆUSER

Regenass-Klotz, M.
Grundzüge der Gentechnik
Theorie und Praxis
3., erweiterte und
überarbeitete Auflage
2005. 170 S. Brosch.
ISBN 978-3-7643-2421-6

Gentechnisch hergestellte Produkte werden heute bereits in der Medizin und der Diagnostik, in den Agrarwissenschaften, in der Lebensmitteltechnologie, aber auch in zahlreichen Bereichen des täglichen Lebens verwendet. Seit der Einführung des ersten gentechnisch hergestellten Medikamentes im Jahr 1983 hat sich die Gentechnik in rasanter Weise zu einer Schlüsseltechnologie in der Grundlagenforschung, der angewandten Forschung und der Wirtschaft entwickelt. Die Gentechnik, ihre Vorteile und ihre möglichen Risiken werden heute in der Öffentlichkeit und in den Medien sehr breit und mit viel Engagement diskutiert. Trotz allen Interesses an diesem Thema zeigt es sich immer wieder, dass die Gentechnik in ihren Grundzügen oft nur unvollständig bekannt und verstanden ist.

Auch die 3. erweiterte und überarbeitete Auflage dieses erfolgreichen Buches bietet kurz und knapp, im Detail und anschaulich illustriert einen verständlichen Einblick in die Theorie und Praxis der Materie. Hochaktuelle Themen wie Stammzellen in Forschung und Therapie, „Elegante Züchtung" bei transgenen Pflanzen, Sequenzierungsmeilensteine oder Einführungen in Begriffe wie Genomics und Proteomics sind neu hinzugekommen. Durch das Buch wird der Leser vor allem die vielfältigen Verflechtungen zwischen Theorie und Anwendung der Gentechnik erkennen und beurteilen können.

Diese neue Auflage soll einen wichtigen Beitrag dazu leisten, dass die Diskussion über Gentechnik um Sachinhalte und nicht um Ideologien geführt wird.

Inhalt:
I. Desoxyribonukleinsäure (DNA) – Faden des Lebens. II. Klonieren – Vermehrung kombinierter DNA-Abschnitte. III. Methoden in der Gentechnik. IV. Gentechnik in Medizin und Forschung. V. Gentechnik bei Kulturpflanzen. VI. Gentechnik im täglichen Leben. VII. Gentechnik und der Blick in die Vergangenheit: molekulare Archäologie. VIII. Gentechnik: Sicherheit, Technikfolgenabschätzung, Gesetze, Richtlinien und Ethik.- Literaturverzeichnis.- Index

www.birkhauser.ch

Printed in the United States
By Bookmasters